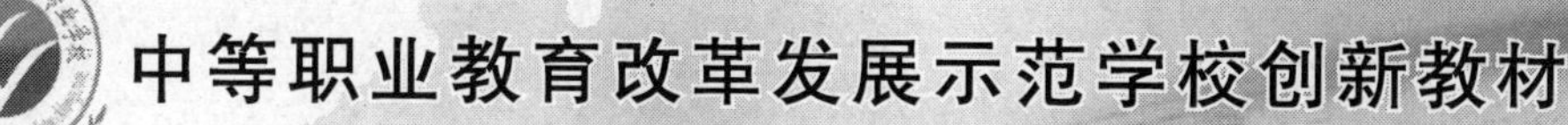

电子技术与技能

Electronic Technology and Skills

赵丽 赵贵森 ◎ 主编
丁卉卉 李强 丁培深 ◎ 副主编

人民邮电出版社
北京

图书在版编目（CIP）数据

电子技术与技能 / 赵丽，赵贵森主编. -- 北京
人民邮电出版社，2014.7
中等职业教育改革发展示范学校创新教材
ISBN 978-7-115-35207-1

Ⅰ. ①电… Ⅱ. ①赵… ②赵… Ⅲ. ①电子技术－中等专业学校－教材 Ⅳ. ①TN

中国版本图书馆CIP数据核字(2014)第090168号

内 容 提 要

本书是以培养学生知识综合应用和实践动手能力为特征的实训教程，参照电子产品装配职业技能鉴定规范和中级工考核标准，采用项目教学的方式组织内容，以任务为驱动，并融合了相关理论学习，对于学生职业素养的培养贯穿整个教学过程。全书主要内容包括9个项目，每个项目来源于生活生产中的典型案例。通过学习和训练，学生不仅能够掌握电子线路知识，而且能够掌握焊接电路的方法。

本书可作为中等职业技术学院电子技术应用类课程教学用书，也可供有关技术人员、电子与操作人员参考、学习、培训之用。

♦ 主　　编　赵　丽　赵贵森
　副 主 编　丁卉卉　李　强　丁培深
　责任编辑　蒋　亮
　责任印制　杨林杰

♦ 人民邮电出版社出版发行　　北京市丰台区成寿寺路 11 号
　邮编　100164　　电子邮件　315@ptpress.com.cn
　网址　http://www.ptpress.com.cn
　北京鑫正大印刷有限公司印刷

♦ 开本：787×1092　1/16
　印张：9.75　　　　2014 年 7 月第 1 版
　字数：247 千字　　2014 年 7 月北京第 1 次印刷

定价：26.00 元

读者服务热线：(010)81055256　印装质量热线：(010)81055316
反盗版热线：(010)81055315

青岛开发区职业中专示范校建设系列教材
编委会

主　任　崔秀光

副主任　侯方奎　薛光来　李本国　杨逢春　姜秀文　王济彬

委　员　赵贵森　张学义　韩维启　丁奉亮　邹　蓉　王志周
张元伟　王　部　张　栋　薛正香　王本强　李玉宁
赵　萍　彭琳琳　李士山　荆建军　殷茂胜　宋　芳
徐锡芬　毛　慧　王景涛　郭晓宁　刘　萍　王云红
何　彬　杜召强　潘进福　朱秀萍　焦风彩　赵　丽
于雅婷　王莉莉

本书编委

丁海萍　上汽通用五菱汽车股份有限公司（青岛分公司）　经理

王　涛　青岛华瑞汽车零部件有限公司　车间主任

孙义振　青岛澳柯玛洗衣机有限公司　副总经理、高级工程师

孙红菊　北京络捷斯特科技发展有限公司　副总经理

孙　斌　青岛汇众科技有限公司　主任

张正明　青岛来易特机电科技有限公司　经理

吴向阳　山东工艺美术学院　教授/系主任

邵昌庆　青岛金晶玻璃有限公司　副总经理、高级工程师

秦　朴　青岛城市名人酒店　总经理

徐增佳　上汽实业有限公司（青岛分公司）　总经理助理

薛培财　青岛旭东工贸有限公司　经理

前言

本书的编写是依据教育部颁布的中等职业学校电子专业教学大纲，并参照了国家职业技能标准和行业技能证考核的相关知识，以项目构架实训教学体系，以项目和任务驱动技能训练，着重培养学生的实际动手能力与综合应用能力。本书在编写过程中力求突出以下特点。

（1）本书以“项目-任务”为框架结构，项目来源于生产和生活实际，可以充分调动学生学习的积极性与主动性，充分激发学生学习的兴趣。

（2）本书编写坚持“以就业为导向，以全面素质为基础，以能力为本位”的宗旨，在掌握专业基本知识和基本技能的基础上，及时了解和掌握本专业领域的最新技术及相关技能；根据中职学生的认知水平，坚持“教、学、做”合一，打破传统的按照学科进行教材编写的模式；充分体现连贯性、针对性和选择性，让学生学得进、用得上；按照“图文并茂、深入浅出、知识够用、突出技能”的编写思路，力求语句简练、通俗易懂，使学习更具直观性。

（3）本书在结构设置上，将每个项目分解为若干小任务，使学生对每一个项目的要求和知识点清楚明了；在具体的每一个任务中，将任务细化让学生迅速掌握任务流程；通过操作考核、任务拓展巩固学生的知识和技能；在学习评价部分通过详细的评价表格使教师能够得到及时的教学反馈，从而更好地指导学生的下一步教学。

课程内容	学时数
项目一　直流可调稳压电源的制作	16
项目二　分压式偏置稳定放大器的制作	16
项目三　调光台灯电路的制作与调试	8
项目四　逻辑笔的制作	8
项目五　三人表决器的设计与制作	8
项目六　四人抢答器的制作	12
项目七　数显抢答器的制作	6
项目八　60s 计数器的制作	8
项目九　555 时基电路和双音报警器的制作	8

本书由青岛开发区职业中专赵丽、赵贵森任主编，丁卉卉、李强、丁培深任副主编。在本书编写过程中，特别聘请我校机电专业建设委员会专家，青岛金晶玻璃股份有限公司高级工程师邵昌庆、青岛澳珂玛集团高级工程师孙义振的指导。并得到青岛开发区职业中专电工电子组教师的大力支持，在此一并表示感谢。

由于编者知识和水平有限，书中不足和错误之处在所难免，敬请读者予以指正，以便进一步完善本书。

编者

2014 年 1 月

目 录

项目一

直流可调稳压电源的制作

项目描述：直流电源是保证电子电路正常工作的能量来源。日常生活中，电子设备所使用的直流电源除了各类干电池、蓄电池等可以直接将其他形式的能量转换为直流电能的供电装置外，应用更多的则是将廉价的交流电转换为稳定直流电的供电装置，这就是本项目要和同学们一起探讨的直流稳压电源。

任务一　二极管的认识与检测

知识目标

- 认识二极管的结构及图形符号
- 掌握二极管的伏安特性
- 熟悉二极管的基本参数
- 了解常用特殊二极管的实际应用

技能目标

- 会用万用表判别二极管的管脚极性及质量检测
- 能根据参数要求合理选择二极管

工作任务

在直流稳压电源中，需要有一个能将交流电转换为脉动直流电的电路，即整流电路，而二极管就是整流电路的核心器件。它是电子电路中最常用的半导体器件之一，它不但能进行整流，还具有稳压、检波等作用。想知道它为什么有这些作用吗？那就一起来认识一下它吧。

实施细则

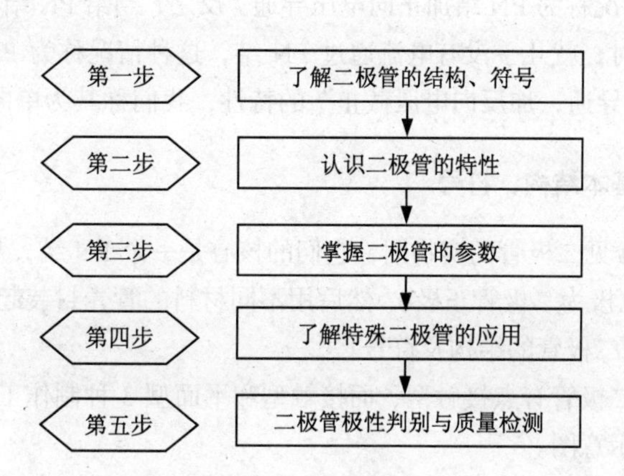

相关知识

一、了解半导体及其特性

晶体二极管是用半导体材料制造的。半导体是指导电性能介于导体和绝缘体之间的物体。常用的半导体材料有硅和锗。

金属导体中有大量的能够自由移动的电子，因此导电能力很强。而半导体中存在两种可运载电荷的导电粒子：一种是带负电的自由电子，另一种是带正电的空穴。电子与空穴统称载流子。

纯净半导体（又称本征半导体）中，电子与空穴数目相等，但总数远比导体中的自由电子少，因此半导体的导电能力要比导体差。半导体特殊的原子结构（一般为四价元素的共价键结构），导致其在温度、光照强度等外界因素发生变化时，其导电能力也随之变化（温度与光照强度越大，导电能力越强）。利用半导体的这种敏感特性可以做成热敏电阻、光敏电阻等电子元器件。

在纯净半导体中掺入某种微量元素后，其导电能力会大大提高，称为杂质半导体。根据掺入的杂质不同，杂质半导体可分为两种，即：P 型半导体和 N 型半导体。

1. P 型半导体

在纯净半导体中掺入微量三价元素（如硼）形成的半导体称为 P 型半导体。其内部空穴数目远多于自由电子数目，主要依靠空穴导电，又称为空穴型半导体。

2. N 型半导体

在纯净半导体中掺入微量五价元素（如磷）形成的半导体称为 N 型半导体。其内部自由电子数目远多于空穴数目，主要依靠电子导电，又称为电子型半导体。

3. PN 结

在半导体晶片上，利用特殊的掺杂工艺使之一端为 P 型半导体，一端为 N 型半导体，则在其结合处就会形成一个特殊的薄层，称为 PN 结，如图 1-1 所示。

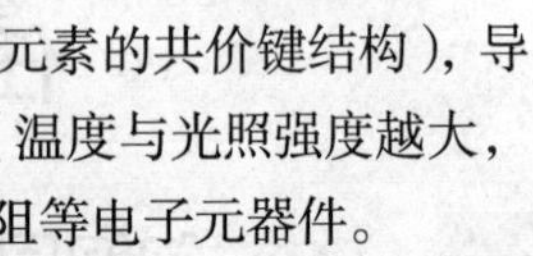

图 1-1 PN 结示意图

在 PN 结的形成中，结合面处的带电粒子存在浓度差，就会产生扩散现象，扩散过程中，两种不同性质的导电粒子必然产生中和现象，于是就会在结合面处形成一定厚度的电场区，即为 PN 结。当给 PN 结的 P 区接外部电路的高电位端，N 区接低电位端时，PN 结会变薄（场强变弱），其对多数导电粒子的阻碍作用也会变弱，当外部电位差到达一定程度，中间电场为“0”，就会形成较大的扩散电流流过 PN 结，这种情况称为 PN 结加正向电压导通。反之，当给 PN 结的 P 区接外电路的低电位端，N 区接高电位端时，就几乎没有电流通过 PN 结，这种情况称为 PN 结加反向电压截止。PN 结这种“加正向电压导通，加反向电压截止”的特性，我们称其为单向导电性。

二、认识二极管的基本结构、符号

图 1-2 所示为一些常见二极管的实物图，它们的核心是一个 PN 结，从结的 P 区和 N 区各引出一个电极（P 区对应电极为二极管正极），然后用不同材料的管壳封装起来即成二极管。一般用 VD 表示。图 1-3 所示为二极管的结构及符号。

根据不同的应用，二极管有点接触型、面接触型和平面型 3 种制作工艺，图 1-4 所示为二极管 3 种工艺特点的结构示意图。

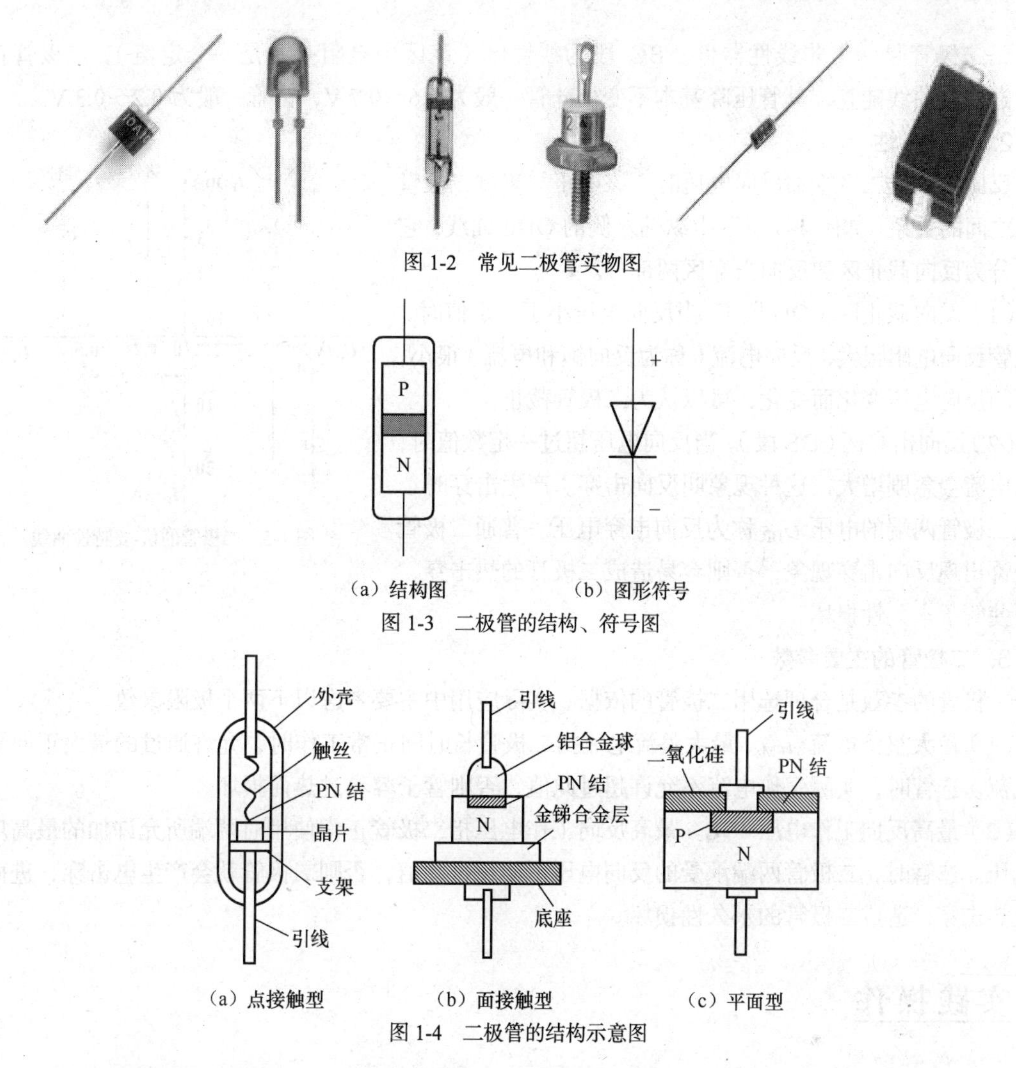

图 1-2　常见二极管实物图

（a）结构图　（b）图形符号

图 1-3　二极管的结构、符号图

（a）点接触型　（b）面接触型　（c）平面型

图 1-4　二极管的结构示意图

由于二极管的核心就是一个 PN 结，所以二极管也具有和 PN 结一样的单向导电性。

三、二极管伏–安（电压–电流）特性及主要参数

二极管的单向导电性不足以全面描述二极管的导电特性，因此需要在二极管的正、负极两端加上不同极性、不同大小的电压，同时测量流过二极管的相应电流，这样就得到了二极管的伏-安（电压-电流）特性。在直角坐标系中描述伏-安特性关系的曲线称为二极管的伏-安特性曲线，如图 1-5 所示。

1. 正向特性

正向特性指二极管加正向电压时，该电压与流过二极管电流之间的关系。如图 1-5 所示的纵轴右侧的 OABC 曲线，它可分为正向死区和正向导通区两部分。

（1）正向死区（如图 1-5 所示中 OA 段）。二极管所加正向电压较小时，正向电流近乎为 0，二极管对外呈高阻特性，称为死区。当正向电压超过某一数值后，二极管才开始导通，这一电压值被称为死区电压。一般来说，硅管死区电压约为 0.5 V，锗管约为 0.2 V。

（2）正向导通区（ABC 段）。当正向电压超过死区电压时，正向电流随正向电压的增加而急剧增大，二极管导通。其中，AB 段为非线性区（结电阻随正向电压升高而减小，故呈非线性），

因此，二极管是一个非线性器件。BC 段为线性区（该区中电阻基本是一个定值）。二极管正向导通后，曲线陡直，其管压降基本不变。硅管一般为 0.6～0.7 V，锗管一般为 0.2～0.3 V。

2. 反向特性

反向特性指二极管加反向电压时，该电压与流过二极管电流之间的关系。如图 1-5 所示中纵轴左侧的 ODE 曲线，它也可分为反向截止区和反向击穿区两部分。

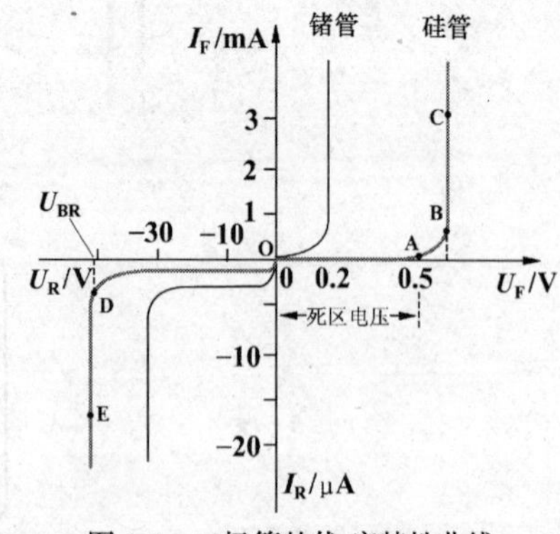

图 1-5　二极管的伏-安特性曲线

（1）反向截止区（OD 段）。当反向电压小于一定值时，二极管反向电阻很大，反向电流（称为反向饱和电流）很小，且不随反向电压变化而变化，可以认为二极管截止。

（2）反向击穿区（DE 段）。当反向电压超过一定数值时，反向电流会急剧增大，这种现象叫反向击穿。产生击穿时，加在二极管两端的电压 U_{BR} 称为反向击穿电压。普通二极管不允许出现反向击穿现象，否则容易造成二极管的热击穿，从而使管子永久性损坏。

3. 二极管的主要参数

二极管的参数是合理选用二极管的依据。实际应用中主要考虑以下两个极限参数。

（1）最大整流电流 I_{FM}。最大整流电流指二极管长时间正常工作时，允许通过的最大正向平均电流。选管时，实际工作电流不允许超过此值，否则管子容易过热而损坏。

（2）最高反向工作电压 U_{RM}。最高反向工作电压指二极管正常使用时两端所允许加的最高反向电压。选管时，二极管两端承受的反向电压不能超过此值，否则二极管就会产生电击穿，进而形成热击穿，造成二极管的永久性损坏。

实践操作

二极管的简单测量

由于二极管具有单向导电特性。通过用万用表检测其正、反向电阻值，可以判别出普通二极管的极性，还可估测出普通二极管是否损坏。

（1）二极管极性判别。将万用表置于 R×100 挡或 R×1k 挡，两表笔分别接二极管的两个电极，测出一个结果后，对调两表笔，再测出一个结果。两次测量的结果中，有一次测量出的阻值较大（为反向电阻），一次测量出的阻值较小（为正向电阻）。在阻值较小的一次测量中，黑表笔接的是二极管的正极，红表笔接的是二极管的负极。测量电路如图 1-6 所示。

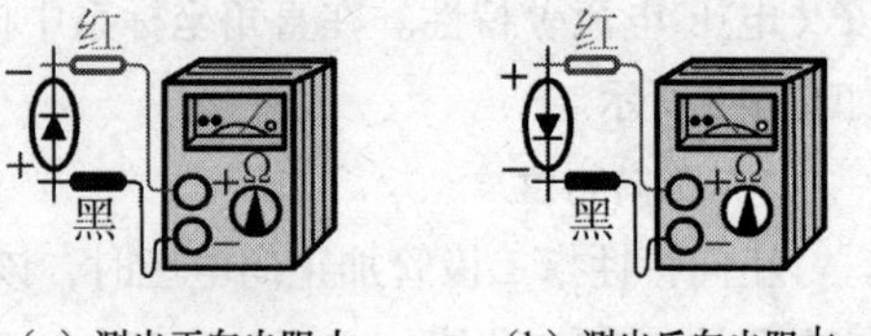

(a) 测出正向电阻小　　(b) 测出反向电阻大

图 1-6　万用表检测二极管

（2）二极管好坏的判别。用 R×100 挡或 R×1k 挡。测量二极管好坏时，正向电阻越小越好，反向电阻越大越好。正、反向电阻值相差越悬殊，说明二极管的单向导电特性越好。

若测得二极管的正、反向电阻值均接近 0 或阻值较小，则说明该二极管内部已击穿短路或漏电损坏。若测得二极管的正、反向电阻值均为无穷大，则说明该二极管已开路损坏。

（3）发光二极管测量。对于发光二极管极性判别与好坏的判断可用万用表 R×10k 挡来测量。

正常时，发光二极管正向电阻阻值为几十至 200 kΩ，反向电阻的值为∞。如果正向电阻值为 0 或∞，反向电阻值很小或为 0，则说明发光二极管已损坏。

安全文明要求

1. 测量或使用元器件时，要避免沿元器件管脚封装处弯折，以免折断元器件管脚。

2. 使用万用表测量半导体元器件时要避免使用 R×1 挡、R×10k 挡，以免烧坏或击穿半导体器件。

技能考核

请将二极管简单测量技能训练实训评分填入下表中。

序号	项目	考 核 要 求	配分	评 分 标 准	得分
1	普通二极管极性判别	（1）正确使用万用表 （2）正确判别二极管极性	30	（1）万用表挡位调整不正确，扣 10 分 （2）二极管极性判别不正确，扣 20 分 （3）损坏器件扣 20 分	
2	普通二极管好坏判别	（1）正确使用万用表 （2）正确判别二极管好坏	40	（1）万用表挡位调整不正确，扣 10 分 （2）二极管好坏判别不正确，扣 30 分 （3）损坏器件扣 20 分	
3	发光二极管测量	（1）正确使用万用表 （2）正确判别发光二极管极性 （3）正确判别发光二极管好坏	30	（1）万用表挡位调整不正确，扣 10 分 （2）发光二极管极性判别不正确，扣 10 分 （3）发光二极管好坏判别不正确，扣 10 分 （4）损坏器件扣 20 分	
安全文明操作		违反安全文明操作规程（视实际情况进行扣分）			
额定时间		每超过 5 min 扣 5 分		得分	

学习评价

二极管简单测量活动评价表

项目内容	要求	评定			
		自评	组评	师评	总评
能正确使用工具完成任务（10 分）	A. 很好　B. 一般　C. 不理想				
能看懂技术要领链接中的操作说明（20 分）	A. 能　B. 有点模糊　C.不能				
能按正确的操作步骤完成电能表的安装（30 分）	A. 能　B. 基本能　C. 不能				
能独立完成实训报告的填写（10 分）	A. 能　B. 基本能　C. 不能				
能请教别人、参与讨论并解决问题（10 分）	A. 很好　B. 一般　C. 没有				
上进心、责任心（协作能力、团队精神）的评价（20 分）	个人情感能力在活动中起到的作用： A. 很大　B. 不大　C. 没起到				
合　计					

学生在任务完成过程中遇到的问题

问题记录	
	1.
	2.
	3.
	4.

知识拓展

常用特殊二极管

二极管的种类繁多，除了用于整流、检波、开关、阻尼、续流等作用的普通二极管外，还有稳压二极管、发光二极管、变容二极管和光电二极管等特殊用途二极管。

1. 硅稳压二极管

硅稳压二极管又称齐纳二极管，是一种面接触型二极管，其反向击穿特性曲线比普通二极管更陡峭。硅稳压二极管正常工作于反向击穿状态，当控制其反向击穿电流不超过一定值时，其端电压能保持基本不变，且不会产生热击穿。它常用作产生控制电压和标准电压。常用的国产硅稳压二极管有 2CW 系列，还有将两个互补二极管反向串接以减少温度系数的 2DW 系列（一般为三管脚，其中一脚为两互补管的公共连接端）。常见硅稳压二极管外形及图形符号如图 1-7 所示。图 1-8 所示为稳压二极管的伏安特性曲线。

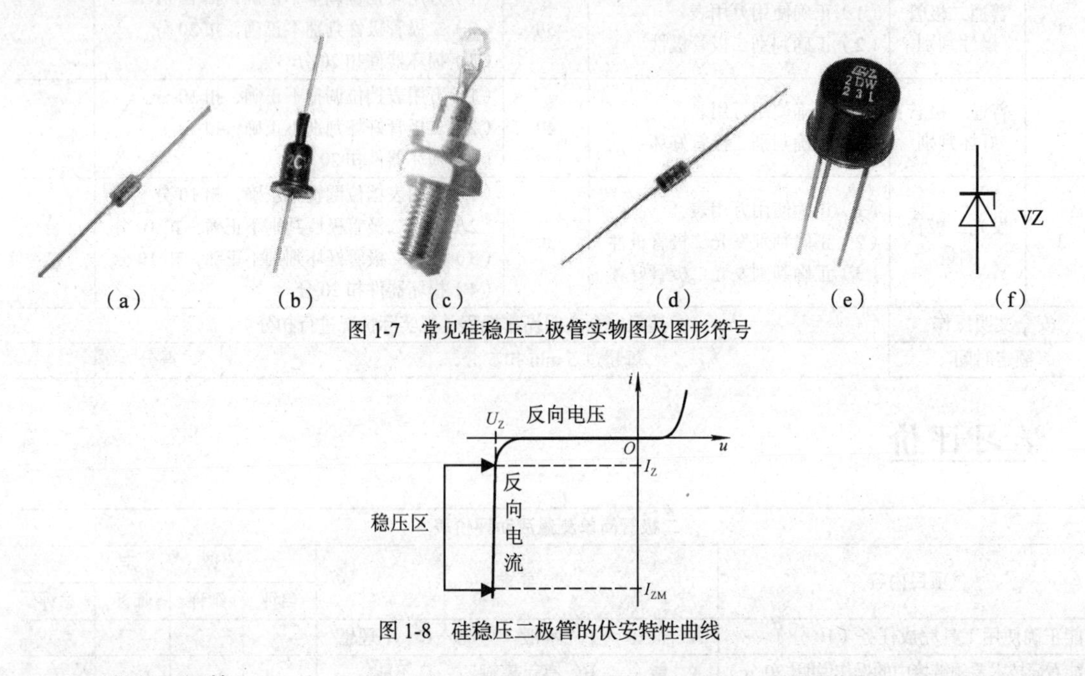

图 1-7　常见硅稳压二极管实物图及图形符号

图 1-8　硅稳压二极管的伏安特性曲线

2. 发光二极管

发光二极管（Light Emitting Diode，LED）是一种可以将电能转化为光能的电子器件，具有二极管的特性。常见发光二极管实物及符号如图 1-9 所示。

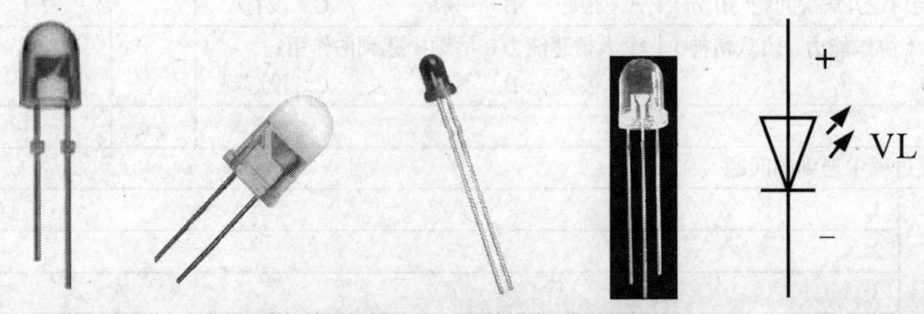

图 1-9　常见发光二极管实物及图形符号

发光二极管的基本结构为一块电致发光的特殊半导体（磷化镓、磷砷化镓等）PN 结，封装在环氧树脂中，通过针脚作为正负电极并起到支撑作用。

发光二极管广泛应用于各种电子电路、家电、仪表等设备中、用作电源指示或电平指示。用发光二极管还可做成数码显示器件。LED 技术发展到今天，还可用高亮、超高亮发光二极管做成各种照明设备，并广泛用作液晶显示器的背光源等。

3. 光电二极管

光电二极管是能将光信号转变为电信号的二极管，它广泛应用于光控制电路中。其符号如图 1-10 所示。

图 1-10　光电二极管电路符号

4. 变容二极管

给 PN 结施加反向电压，PN 结的结电容就会发生变化，应用 PN 结的这种电容效应可以做成变容二极管。变容二极管被广泛应用于自动频率控制、扫描振荡、调频、调谐和锁相等电路中。常见变容二极管的符号如图 1-11 所示（现在一般用图 1-11（a）所示的符号）。

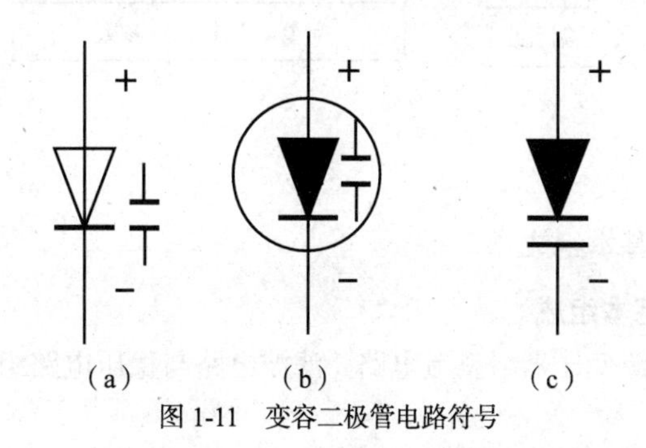

图 1-11　变容二极管电路符号

任务二　整流、滤波、稳压电路的原理分析与运用

知识目标

- 掌握单相半波、全波、桥式整流电路的工作原理、输出电压波形
- 了解整流桥的使用
- 了解滤波电路和稳压电路的工作原理
- 会估算电容滤波、电感滤波、复式滤波电路的输出电压

技能目标

- 会用万用表测量整流、滤波、稳压电路中的各点电压
- 能根据应用要求合理选择相关电路元件参数

工作任务

直流稳压电源的作用是将 220 V 交流电通过电压变换、整流、滤波、稳压等环节为负载提供一个稳恒的直流电，从而保证负载能够正常的工作。

通过这样的电路变换就能将 220 V 交流电转换成所需要的稳恒直流电。这样既降低了负载的能耗成本，也避免了电池等化学供电设备用完后因处理不当而造成的环境污染。想知道它是怎样转换的吗？那就一起来学习吧。

实施细则

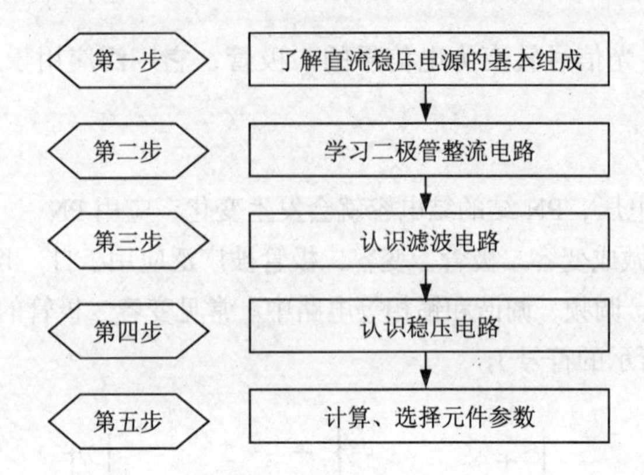

相关知识

一、直流稳压电源的基本组成

1. 直流稳压电源的基本组成

直流稳压电源是由电源变压器、整流电路、滤波电路与稳压电路组成。基本方框图如图 1-12 所示。

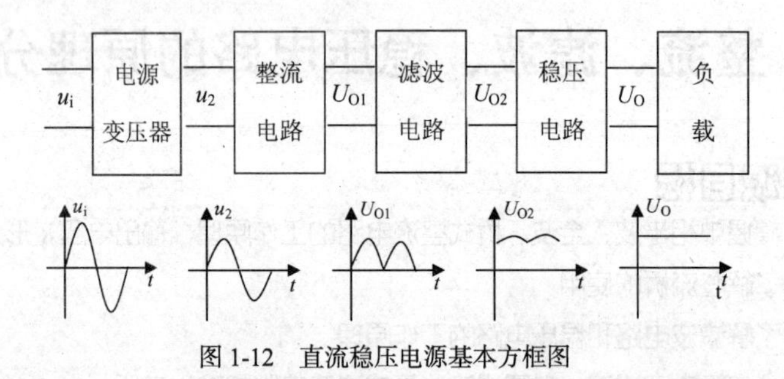

图 1-12　直流稳压电源基本方框图

2. 各单元电路的作用

电源变压器：将 220 V 交流电转换成电路所需要的交流电。

整流电路：应用整流器件（一般为二极管）将交流电转换为单向脉动直流电。

滤波电路：将脉动直流电转换成纹波成分较小的平滑直流电。

稳压电路：调节因温度、负载、电网电压波动等因素对直流电压造成的影响，为负载提供一个基本稳定的输出电压。

二、二极管单相整流电路

利用二极管的单向导电性，将单相交流电变成脉动直流电的电子电路称为二极管单相整流电路。

常见的二极管整流电路有单相半波整流电路、抽头式单相全波整流电路和单相桥式整流电路 3 种。

1. 单相半波整流电路

（1）电路。单相半波整流电路如图 1-13（a）所示。其中，电源变压器 T 将 220 V 交流电转换成整流电路所需的交流电；二极管 VD 将交流电转换为负载 R_L 所需的脉动直流电。

（2）工作原理。u_2 为正弦波，波形如图 1-13（b）所示。

在 u_2 的正半周，A 点电位高于 B 点电位，二极管 VD 正偏导通，$U_L \approx u_2$。

在 u_2 的负半周，A 点电位低于 B 点电位，二极管 VD 反偏截止，$I_L \approx 0$，$U_L \approx 0$。

图 1-13（b）所示为变压器副边电压 u_2 与负载电阻上的电压 U_L、电流 I_L 波形图。可见，变压器副边电压 u_2 是正弦交流电压，由于二极管的单向导电性，在负载 R_L 上只通过了交流电的正半周（这种大小波动、但方向不变的电压或电流称为脉动直流电），故称为半波整流电路。

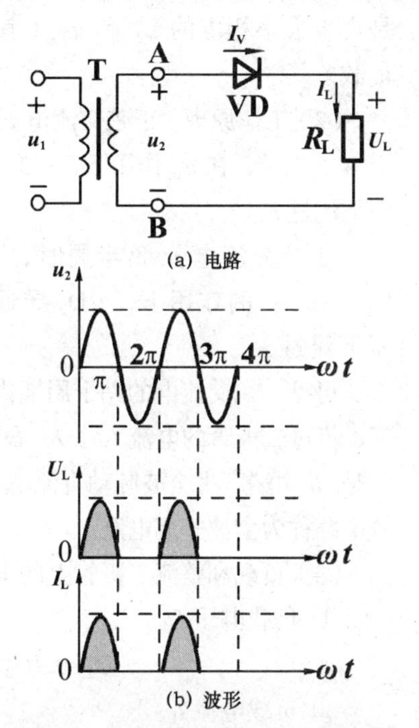

图 1-13　单相半波整流电路图、波形图

（3）负载和整流二极管上的电压和电流。

① 负载电压 U_L（对于电阻性负载，U_L 是整流输出脉动直流电压的平均值）。

$$U_L=0.45U_2 \text{（}U_2\text{ 为交流电 }u_2\text{ 的有效值）}$$

② 负载电流 I_L。

$$I_L=U_L/R_L=\frac{0.45U_2}{R_L}$$

③ 二极管正向平均电流 I_V（负载电流就是由单一整流二极管提供，因此二极管正向平均电流与负载电流相等）。

$$I_V=I_L=\frac{0.45U_2}{R_L}$$

④ 二极管承受的最高反向电压 U_{RM}（即 u_2 的峰值电压）。

$$U_{RM}=\sqrt{2}U_2 \approx 1.41U_2$$

选择二极管时，二极管允许的最大反向电压 U_{RM} 应大于二极管实际承受的反向峰值电压；二极管允许的最大整流电流 I_{FM} 应大于流过二极管的实际工作电流。

（4）电路特点。单相半波整流电路电路简单，但输出电压纹波成分大，输出的脉动直流电压平均值较小，电源利用率较低，适应于对电压稳定性不高的场合。在一些对电源纹波成分要求较高的场合，则需要应用全波整流电路。

2. 抽头式单相全波整流电路

（1）电路。抽头式单相全波整流电路如图 1-14（a）所示。VD_1、VD_2 为性能相同的整流二极管；T 为电源变压器，作用是产生大小相等的 u_{2a} 和 u_{2b}（其中，$u_2=u_{2a}=u_{2b}$）R_L 为电阻性负载。

（2）工作原理。正弦交流电 u_1 正半周时，T 次级 A 点电位高于 B 点电位，在 u_{2a} 作用下，VD_1 导通（VD_2 反偏截止），I_{V1} 自上而下流过 R_L。

正弦交流电 u_1 负半周时，T 次级 A 点电位低于 B 点电位，在 u_{2b} 的作用下，VD_2 导通（VD_1 反偏截止），I_{V2} 自上而下流过 R_L。

可见，在交流电的一个周期内，在二极管 VD_1、VD_2 的作用下，流过二极管的电流 I_{V1}、I_{V2} 叠加，形成全波脉动直流电流 I_L，于是 R_L 两端产生全波脉动直流电压 U_L， 如图 1-14（b）所示。故电路称为全波整流电路。

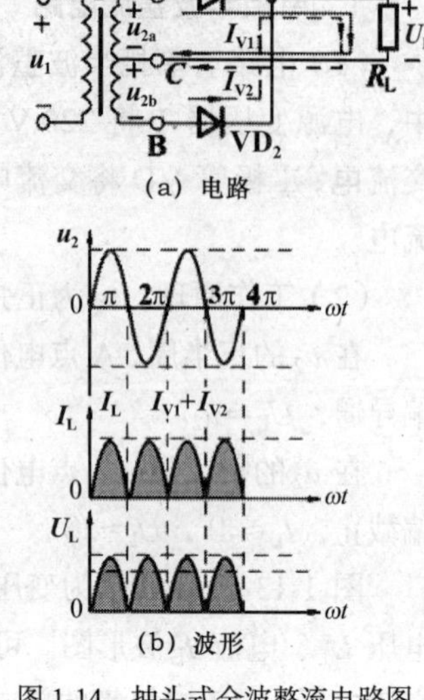

（a）电路

（b）波形

图 1-14 抽头式全波整流电路图、波形图

（3）负载和整流二极管上的电压和电流。

① 负载电压 U_L。

$$U_L=0.9U_2\text{（}U_2=U_{2a}=U_{2b}\text{，为交流电 }u_2\text{ 的有效值）}$$

② 负载电流 I_L。

$$I_L=U_L/R_L=\frac{0.9U_2}{R_L}$$

③ 流过每支二极管的正向平均电流 I_V。负载电流就是由两支整流二极管轮流提供，所以流过每支二极管的正向平均电流为负载电流的一半。

$$I_V = I_L/2$$

④ 二极管承受的最高反向电压 U_{RM}。如图 1-15 所示，当一支二极管 VD_1 导通时，另一支二极管 VD_2 截止。此时，u_{2a}、u_{2b} 同时加到了 VD_2 上使 VD_2 反偏截止，当两个 u_2 同时达到峰值时，VD_2 承受了两个 u_2（$u_{2a}+u_{2b}$）的峰值电压，故有

$$U_{RM} = 2\sqrt{2}U_2$$

抽头式单相全波整流电路中二极管要承受两个 u_2 的峰值电压，在选择元件时要保证二极管的最大反向工作电压不低于这两个 u_2 的峰值电压；二极管允许的最大整流电流 I_{FM} 应大于负载电流的一半。

（4）电路特点。抽头式单相全波整流电路实质上是两个半波整流电路的组合，电路中的变压器 T 需中心抽头；单管承受的反向峰值电压比半波整流高一倍，但流过每支二极管的电流仅为负载电流的一半；输出的脉动直流电纹波成分小。

3. 单相桥式整流电路

（1）电路。单相桥式全波整流电路如图 1-16 所示，VD1～VD4 为整流二极管，电路连接为桥式结构。

（2）工作原理。u_2 正半周时，如图 1-17（a）所示，A 点电位高于 B 点电位，则 VD_1、VD_3 导通（VD_2、VD_4 截止），I_1 自上而下流过负载 R_L。

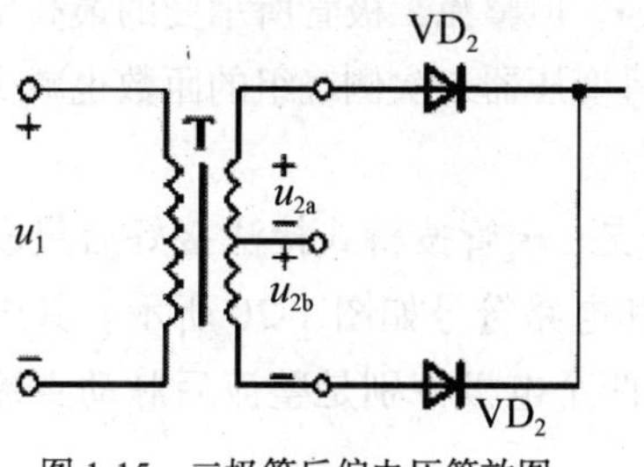

图 1-15　二极管反偏电压等效图

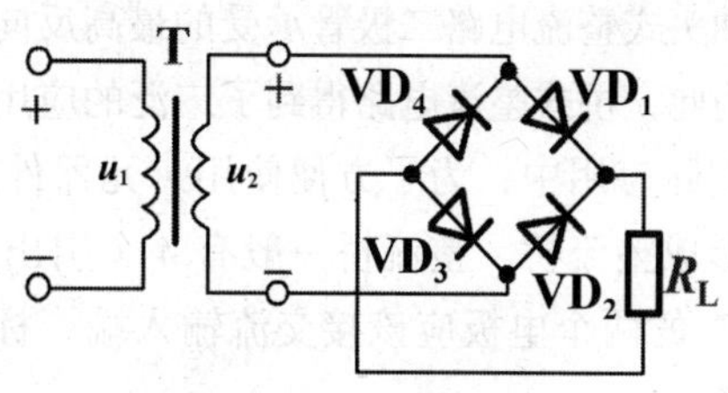

图 1-16　桥式全波整流电路

（3）u_2 负半周时，如图 1-17（b）所示，A 点电位低于 B 点电位，则 VD_2、VD_4 导通（VD_1、VD_3 截止），I_2 自上而下流过负载 R_L。

由以上分析，u_2 一周期内，两组整流二极管轮流导通产生的单方向电流 I_1 和 I_2 叠加形成了 I_L。于是负载得到全波脉动直流电压 U_L，如图 1-18 所示。

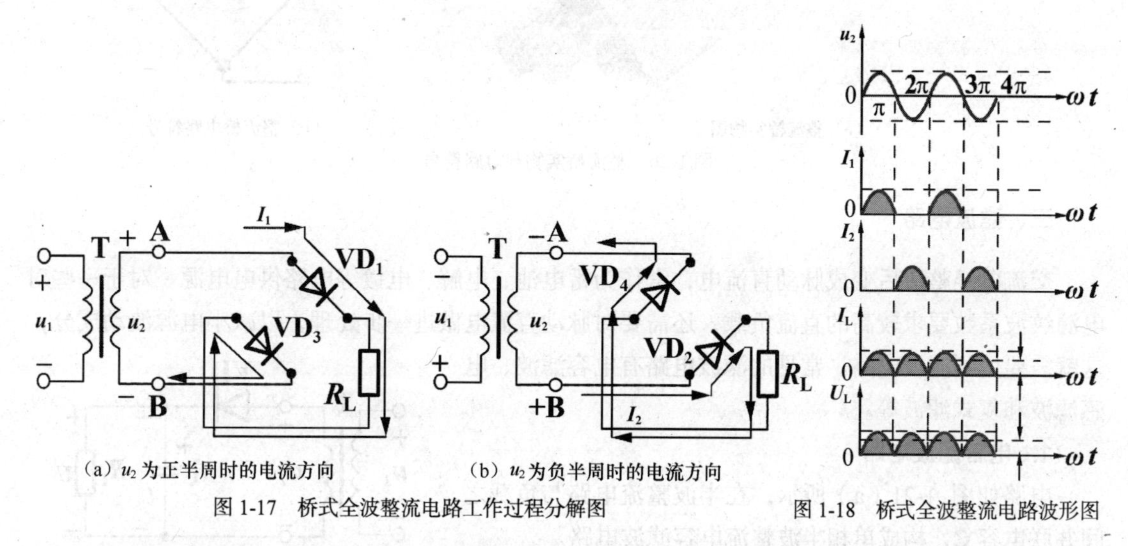

（a）u_2 为正半周时的电流方向　　（b）u_2 为负半周时的电流方向

图 1-17　桥式全波整流电路工作过程分解图

图 1-18　桥式全波整流电路波形图

（4）负载和整流二极管上的电压、电流。

① 负载电压 U_L。工作时，两组二极管两两轮流导通为负载提供了全波的脉动直流电，故

$$U_L=0.9U_2$$

② 负载电流 I_L。

$$I_L=U_L/R_L=\frac{0.9U_2}{R_L}$$

③ 流过每支二极管的正向平均电流 I_V。负载电流就是由两组二极管轮流提供，因此流过每支二极管的正向平均电流为负载电流的一半。

$$I_V=I_L/2$$

④ 二极管承受的最高反向电压 U_{RM}。如图 1-19 所示，在 u_2 的正半周，二极管 VD_1、VD_3 正偏导通，VD_2、VD_4 反偏截止。此时，VD_2、VD_4 承受的最高反向电压为 u_2 的峰值电压。反之，VD_1、VD_3 承受 u_2 的峰值电压。故有

$$U_{RM}=\sqrt{2}U_2$$

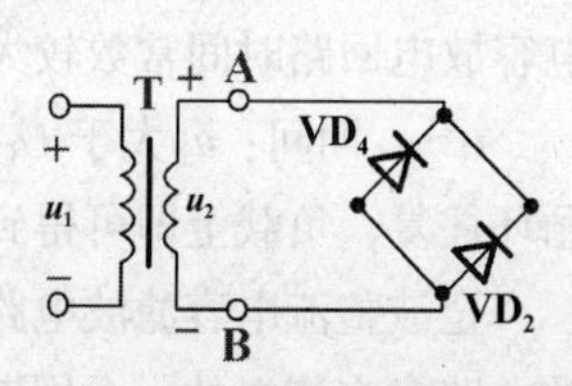

图 1-19　二极管承受反压等效图

（5）电路特点。单相桥式整流电路二极管的数量虽为 4，但整流二极管所承受的最高反向电压是抽头式整流电路二极管承受的最高反向电压的一半，且变压器二次侧绕组的匝数也减少了一半。因此，桥式整流电路得到了广泛的应用。

实际应用中，为了方便使用，元器件生产商常将 4 支二极管按桥式接法接好后集成在一起，形成整流桥。整流桥一般有 4 个引出电极。其实物和电路符号如图 1-20 所示。其中，标有 AC 的两个电极应该接交流输入端，标有“+、–”的两个电极分别是整流后脉动直流电的正、负极。

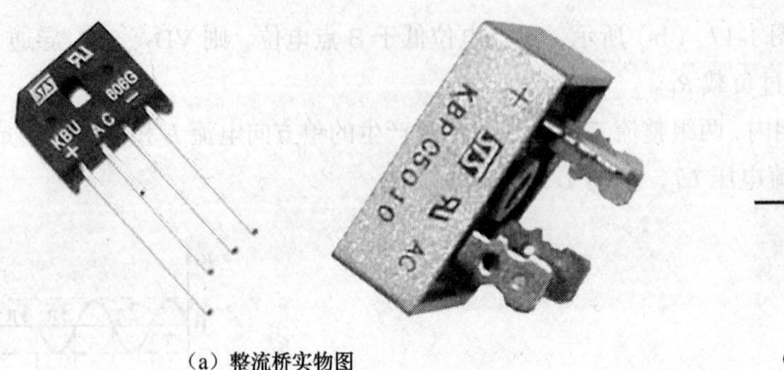

（a）整流桥实物图

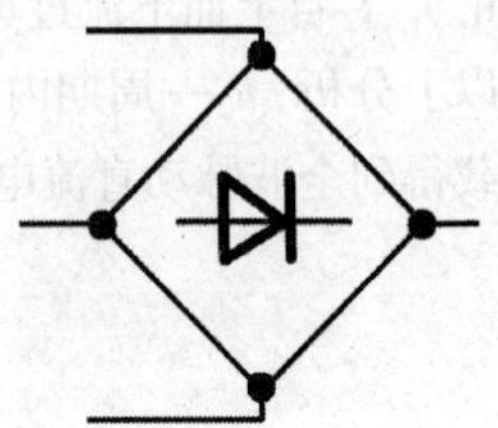

（b）整流桥电路符号

图 1-20　整流桥实物与电路符号

三、滤波电路

交流电经整流后变成脉动直流电，常作为蓄电池、电解、电镀等电路供电电源。对于一些对电源纹波系数要求较高的直流负载，还需要对脉动直流电做进一步处理，以减小电源波动成分，这就需要用到滤波电路。常见的滤波电路有电容滤波、电感滤波和复式滤波等。

1. 电容滤波电路

电路如图 1-21（a）所示，在半波整流电路与负载之间并联电容 C，构成单相半波整流电容滤波电路。

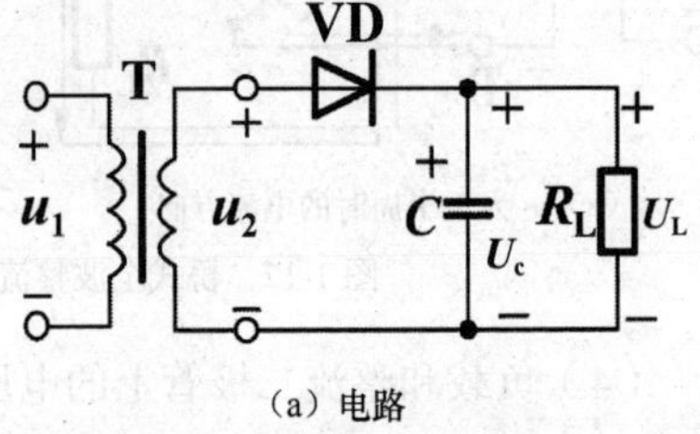

（a）电路

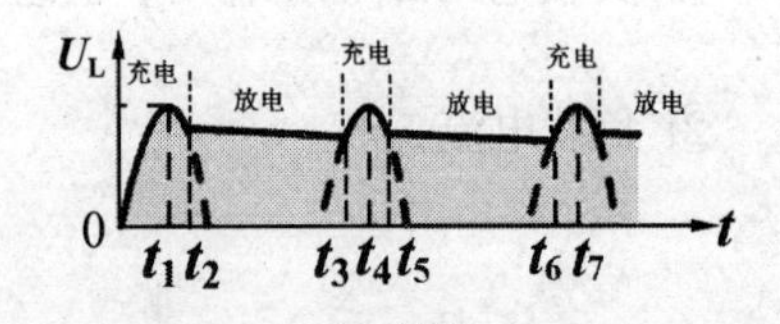

（b）波形

图 1-21　电容滤波电路

（1）工作原理。电容滤波电路的波形如图 1-21（b）所示。

$0\sim t_1$ 期间：u_2 正半周的上升期，VD 正偏导通，u_2 给电容 C 充电，由于充电回路的充电时间常数很小，电容两端电压随 u_2 充至接近峰值电压。

$t_1\sim t_2$ 期间：u_2 从峰值开始下降，直至降到和电容 C 两端电压 U_C 相等时，二极管 0 偏压而截止，电容 C 充电结束。

$t_2\sim t_3$ 期间：u_2 下降至小于 U_C 后，二极管反偏截止，电容 C 通过负载电阻 R_L 放电，此时因电容放电回路时间常数较大，放电较慢，电容两端电压跌落较慢。

$t_3\sim t_4$ 期间：u_2 大于 U_C，二极管 VD 再次导通，为电容 C 再次充电。然后电路按照以上顺序，循环往复，负载上即可得到较为平滑的直流电压。

全波整流电容滤波电路的工作原理与半波整流电容滤波电路基本相同，不同的是全波整流滤波电路在交流电的一个周期内，对电容 C 进行两次充电，且缩短了放电时间，从而使输出电压更平滑。输出电压平均值也相对高一些。

（2）电容滤波电路特点。

① 从结构上看，电容滤波电路简单、经济。

② 由图 1-21（b）中可以看出，通过电容滤波后，电路输出的直流电压比滤波前的波动小了许多，输出电压的平均值也比滤波前提高了很多。空负载情况下，输出电压平均值可达到 u_2 的峰值；带负载时，电路输出电压会有所下降，负载越重，平均电压下降越多。因此电容滤波适用于小功率（输出电流较小）负载，在小功率电子设备中得到了广泛应用。

（3）滤波电容的选择与输出电压的估算。电容滤波电路输出电压平均值与波动程度取决于 RLC 放电时间常数，RLC 越大，输出电压平均值越接近于 u_2 的峰值、波动也越小，因此，在负载一定的情况下，选择的电容器越大越好。

① 滤波电容的选择：一般地，在选择滤波电容时，应满足以下原则。

半波整流电容滤波电路：$R_{LC}\geqslant$（3～5）T（T 为交流电的周期）。

全波整流电容滤波电路：$R_{LC}\geqslant$（3～5）$T/2$。

② 输出电压的估算：实际应用中，一般按如下关系估算输出电压平均值。

半波整流电容滤波电路：$U_L\approx U_2$（U_2 为 u_2 的有效值）。

全波整流电容滤波电路：$U_L\approx 1.2U_2$。

2. 电感滤波电路

电感滤波电路如图 1-22（a）所示，在整流电路与负载之间串联电感 L，构成电感滤波电路。

电感滤波是利用流过电感电流不能突变的原理来抑制输出电流的波动。当电路电流增加时，电感存储能量，抑制了输出电流的增加；当电流减小时，电感释放能量，起到了续流作用。使负载电流比较平滑，从而得到比较平滑的直流电压，如图 1-22（b）所示。

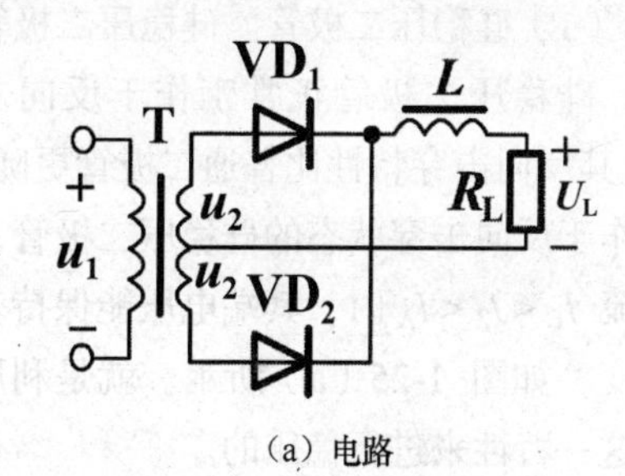

（a）电路

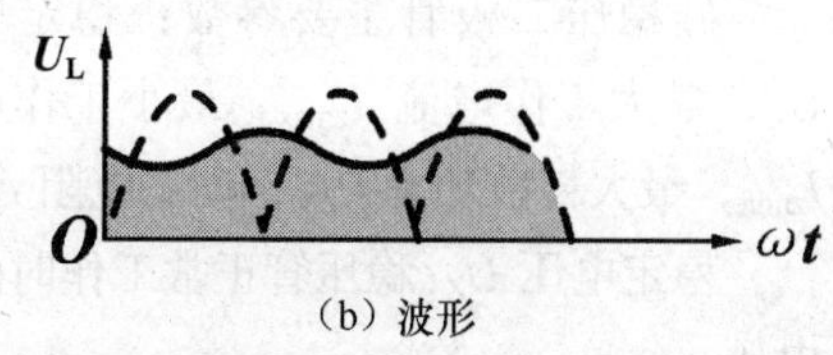

（b）波形

图 1-22 电感滤波电路

电感滤波适用于大功率（输出电流较小）负载，常用于大功率电力设备。

3. 复式滤波电路

实际应用中，负载对电源波动要求较高时，常应用复合形式的滤波电路。

（1）倒 L 型滤波器。其电路如图 1-23 所示。整流输出的脉动直流电经过电感 L，交流成分被削弱，再经过电容 C 滤波，就可在负载上获得更加平滑的直流电压。

（2）π 型滤波器。π 型滤波电路有“LC”π 型滤波与“RC”π 型滤波两种形式，如图 1-24 所示。

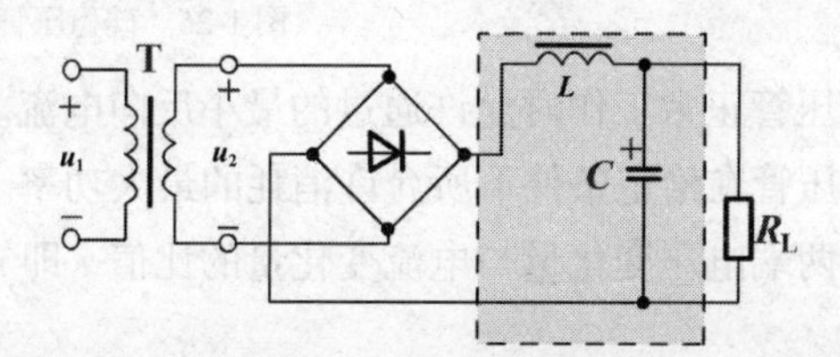

图 1-23 L 型复式滤波电路

①“LC”π 型滤波：整流输出的脉动直流经过电容 C_1 滤波后，再经电感 L 和电容 C_2 滤波，使脉动成分大大降低，在负载上可获得更为平滑的直流电压。

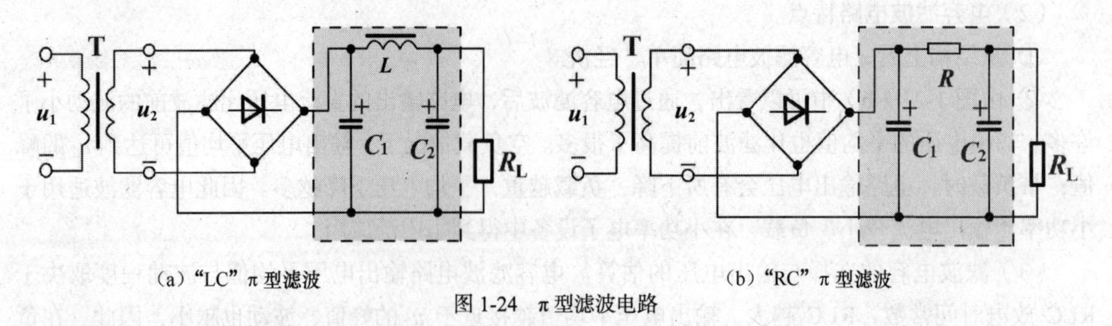

（a）“LC”π型滤波　　（b）“RC”π型滤波

图 1-24　π型滤波电路

②“RC”π型滤波：“LC”π型滤波要用到笨重的电感器，增加了电路的成本和体积。在一些负载功率较小的电子设备中通常还会用到“RC”π型滤波，也能得到不错的滤波效果。

四、稳压电路

经过整流滤波之后的直流电，虽然交流成分已比较小，但由于交流电网电压的波动、负载工作时的变化等因素导致了输出电压并不稳定。因此，在一些对电源要求较高的电子设备中还须在滤波电路与负载之间加入稳压电路，从而输出稳定而平滑的直流电。

1. 硅稳压二极管稳压电路

硅稳压二极管稳压电路是由硅稳压二极管构成的并联型稳压电路，其核心器件是硅稳压二极管。

（1）硅稳压二极管。硅稳压二极管的伏安特性及符号如图 1-25 所示。

硅稳压二极管正常工作于反向击穿区，其反向击穿特性比普通二极管更陡峭。工作于反向击穿状态的硅稳压二极管，当电流 $I_B < I_Z < I_A$ 时，其端电压能保持基本不变，如图 1-25（a）所示。就是利用它的这一特性来进行稳压的。

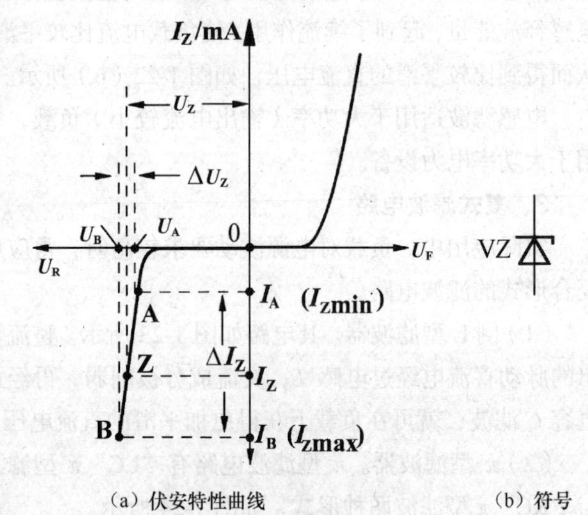

（a）伏安特性曲线　　（b）符号

图 1-25　硅稳压管伏安特性与电路符号

硅稳压二极管主要参数：稳定电压 U_Z，最大工作电流 I_{zmax}，最小工作电流 I_{zmin}，最大耗散功率 P_{ZM}，动态电阻 r_z。

稳定电压 U_Z：稳压管正常工作时的端电压。

最大工作电流 I_{zmax}：稳压管正常工作时允许通过的最大反向电流。

最小工作电流 I_{zmin}：稳压管正常工作时允许通过的最小反向电流。

最大耗散功率 P_{ZM}：稳压管在给定条件下所允许消耗的最大功率。

动态电阻 r_z：硅稳压管两端电压变化量与电流变化量的比值，即 $r_Z = \Delta U_Z/\Delta I_Z$。此值越小，管子稳压性能越好。

（2）硅稳压管稳压电路。硅稳压管稳压电路如图 1-26 所示，将硅稳压二极管并联于负载两端，并加入限流电阻 R 就构成了最简单的并联型稳压电路。

由图可知：$I_R = I_Z + I_L$，$U_o = U_I - U_R = U_I - I_R \cdot R$。

这样，当因电网电压或负载引起输出电压 U_o 下降时，流过硅稳压二极管的电流 I_Z 变小，I_R 相应变小，U_R 也变小，从而使 U_o 升高。即：$U_o\downarrow\rightarrow I_Z\downarrow\rightarrow I_R\downarrow\rightarrow U_R\downarrow\rightarrow U_o\uparrow$。同样，当输出电压要升高时，电路也会使输出不升高。

这一工作过程说明，如果某种因素要使输出电压下降（升高），在硅稳压二极管的调整作用下，会使限流电阻上的电压下降（升高），而保证输出电压基本不变。通俗地说，稳压电路的作用是将输出电压的变化转移到了限流电阻上，从而保证输出电压基本不变。

2. 简单串联型稳压电路

硅稳压管稳压电路输出电流较小（硅稳压二极管的最大工作电流不可能很大），适用于小功率负载的情况，当负载电流要求较大时就需要用到串联型稳压电路。

图 1-27 所示为简单串联型稳压电路图，它是由硅稳压管构成的基准电压电路和三极管（VT）调整电路组成。因电路中的调整元件与负载串联，故称为串联型稳压电路。

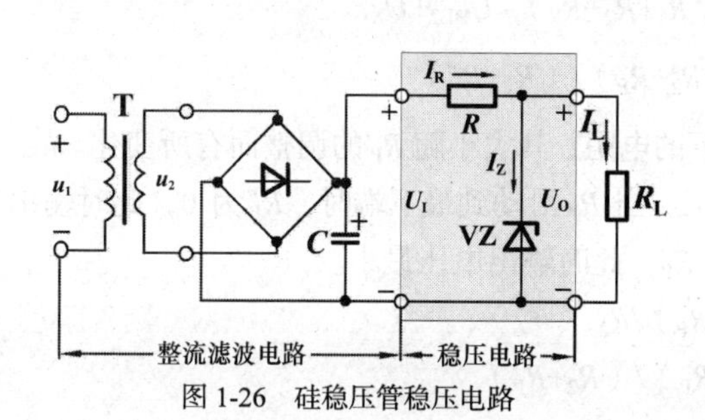

图 1-26 硅稳压管稳压电路

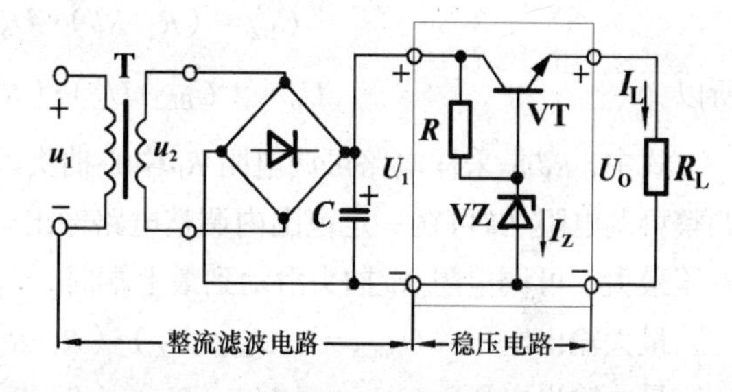

图 1-27 简单串联型稳压电路

硅稳压管稳压电路为调整管 VT 提供一个稳定的基准电压 U_B，当输出电压 U_o（U_E）升高（降低）时，调整管发射结压降 $U_{BE}=U_B-U_E$ 降低（升高），导致调整管集−射电压 U_{CE} 升高（降低），根据 $U_o=U_I-U_{CE}$ 从而使输出电压降低（升高）。即：U_o（U_E）$\uparrow\rightarrow U_{BE}\downarrow\rightarrow U_{CE}\uparrow\rightarrow U_o\downarrow$。

分析说明：当电路因某种因素使输出电压升高（降低）时，稳压电路就会产生使输出电压降低（升高）的作用，从而抑制了输出电压的升高（降低）。

3. 带有放大环节的串联型稳压电路

简单串联型稳压电路提高了稳压电路的带负载能力，但电路因直接将输出电压的变化量去控制调整管，调整作用不强，特别是对输出电压微小变化量反应迟钝，影响了电路稳压效果。在对稳压要求较高的电子设备中，就要用到带有放大环节的串联型稳压电路。

（1）电路组成。带有放大环节的串联型稳压电路及组成方框图如图 1-28 所示。

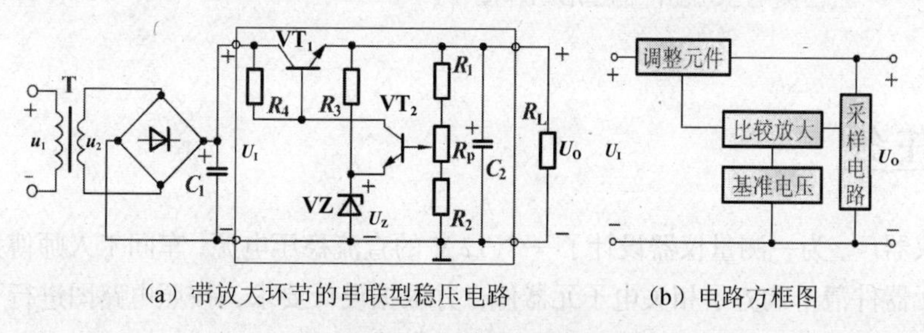

（a）带放大环节的串联型稳压电路　（b）电路方框图

图 1-28 带有放大环节的串联型稳压电路

图 1-28 中，R_1、R_P、R_2 组成采样电路，可以取出一部分输出电压的变化量加到比较放大管

VT_2的基极；R_3、VZ组成基准电压电路为比较放大管VT_2发射极提供一个稳定的基准电压；VT_2、R_4等组成比较放大电路，将采样电路提供的输出电压变化量与基准电压进行比较，将差值放大，并输出到调整管的基极，控制调整管的集-射极间压降；VT_1为调整管，用于调整输出电压。

（2）工作原理。当某种因素使输出电压U_o（U_E）升高时，采样电路加到VT_2基极的电位V_{B2}升高，由于VT_2的射极电位不变，VT_2发射结压降U_{BE2}升高，集电极电流I_{C2}升高，集电极电位V_{C2}下降，调整管VT_1发射结电压U_{BE1}下降，调整管集射电压U_{CE1}上升，从而导致输出电压U_o下降。同样，如果输出电压U_o下降，稳压电路就会让其升高。这样就起到了稳定输出电压的作用。即：

$$U_o\uparrow\rightarrow V_{B2}\uparrow\rightarrow U_{BE2}\uparrow\rightarrow V_{C2}\downarrow\rightarrow U_{BE1}\downarrow\rightarrow U_{CE1}\uparrow \rightarrow V_o\downarrow$$

（3）输出电压计算。根据电路分压公式列出采样电路中心抽头到地电压：

$$U_{B2}=（R_2+R_P''）\cdot U_o/（R_1+R_2+R_P）=U_{BE2}+U_Z$$

所以
$$U_o=（U_{BE2}+U_Z）\cdot（R_1+R_2+R_P）/（R_2+R_P''）$$

式中，R_P''是采样电路可调电阻R_P中心抽头以下的电阻，其大小随R_P的调整而有所变化。故：调整可调电阻R_P''可在一定范围内调整电路输出电压。当R_P滑动到最下端时，R_P''为0，此时输出电压最大；可调电阻R_P抽头滑动到最上端时，$R_P''=R_P$，此时输出电压最小。

最大输出电压：$U_{omax}=（U_{BE2}+U_Z）\cdot（R_1+R_2+R_P）/R_2$

最小输出电压：$U_{omin}=（U_{BE2}+U_Z）\cdot（R_1+R_2+R_P）/（R_2+R_P）$

任务三　直流可调稳压电源的制作

知识目标

- 了解手工焊接工具，掌握手工锡焊的方法和技巧
- 熟悉电子电路板的装配流程及要求
- 掌握直流稳压电源各点波形及电压测量

技能目标

- 会安装、调试直流可调稳压电源电路，能排除常见故障
- 会各类电子元器件的整形与焊接

工作任务

某电子仪器厂，为一测量仪器设计了一个12 V的直流稳压电源，车间工人师傅大刘根据设计人员提供的元器件清单购齐了相关电子元器件，并根据设计要求，.按照电路图进行了电路焊接、装调。最后通过试验，为测量仪器提供了所要求的直流电源。

同学们，你也想亲自做这么一个电源吧，那就一起来动手制作吧。

实施细则

任务实施路径与步骤

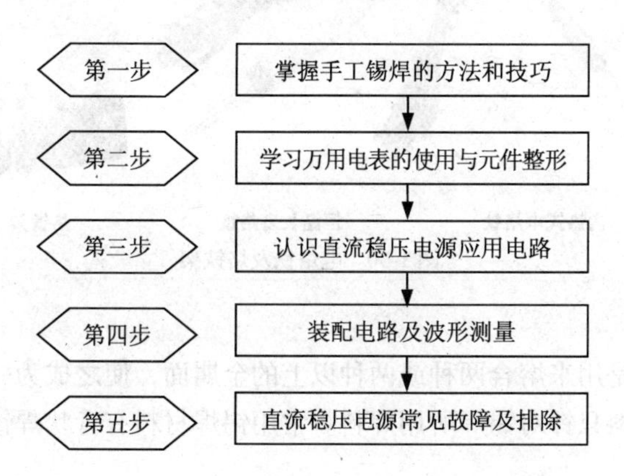

相关知识

一、手工锡焊的方法及技巧

1. 认识锡焊工具及焊接条件

所谓锡焊，就是将铅-锡（铅-锡-银）焊料熔入焊件的缝隙使其连接的一种焊接方法。

（1）手工焊接的工具。

① 辅助工具（见图 1-29）。

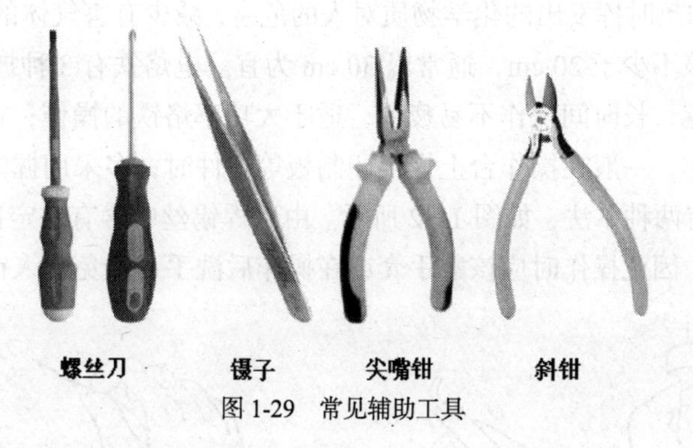

图 1-29　常见辅助工具

② 电烙铁及烙铁架（见图 1-30）。

（2）锡焊的条件。为了提高焊接质量，必须注意掌握锡焊的条件。

① 被焊件必须具备可焊性。

② 被焊金属表面应保持清洁。

③ 使用合适的助焊剂。

④ 具有适当的焊接温度。

⑤ 具有合适的焊接时间。

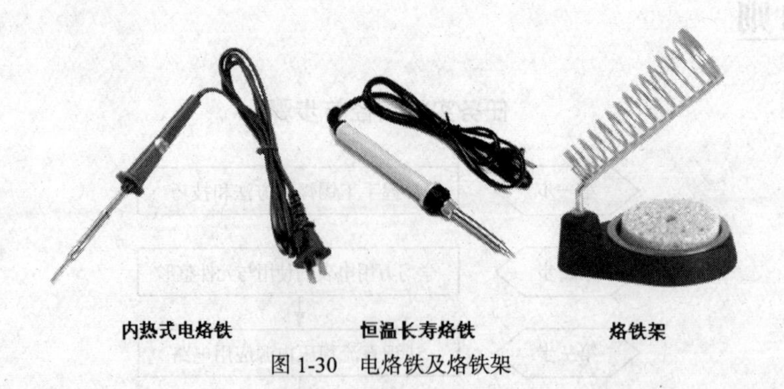

图 1-30 电烙铁及烙铁架

2. 焊料与助焊剂

（1）焊接材料。凡是用来熔合两种或两种以上的金属面，使之成为一个整体的金属或合金都叫焊料。这里所说的焊料只针对锡焊所用焊料。常用锡焊材料有管状焊锡丝、抗氧化焊锡、含银的焊锡和锡焊焊膏。

（2）助焊剂的选用。在焊接过程中，由于金属在加热的情况下会产生一薄层氧化膜，这将阻碍焊锡的浸润，影响焊接点合金的形成，容易出现虚焊、假焊现象。使用助焊剂可改善焊接性能。助焊剂有松香、松香酒精溶液、助焊焊膏和焊油等，可根据不同的焊接对象合理选用。焊膏、焊油等具有一定的腐蚀性，一般不用于焊接电子元器件和电路板，焊接其他设备完毕后，应将焊接处残留的焊膏焊油等擦拭干净。元器件引脚镀锡时应选用松香作助焊剂。印制电路板上已涂有松香溶液的，元器件焊入时一般不必再用助焊剂。

3. 手工焊接的注意事项

手工锡焊技术是一项基本功，即使是在大规模生产的情况下，维护和维修也必须使用手工焊接。因此，必须通过学习和实践操作练习才能熟练掌握。注意事项如下。

（1）为减少焊剂加热时挥发出的化学物质对人的危害，减少有害气体的吸入量，一般情况下，烙铁到鼻子的距离应该不少于 20 cm，通常以 30 cm 为宜。电烙铁有 3 种握法，如图 1-31 所示。

反握法的动作稳定，长时间操作不易疲劳，适于大功率烙铁的操作；正握法适于中功率烙铁或带弯头电烙铁的操作；一般在操作台上焊接印制板等焊件时，多采用握笔法。

（2）焊锡丝一般有两种拿法，如图 1-32 所示。由于焊锡丝中含有一定比例的铅，而铅是对人体有害的一种重金属，因此操作时应该戴手套或在操作后洗手，避免食入铅尘。

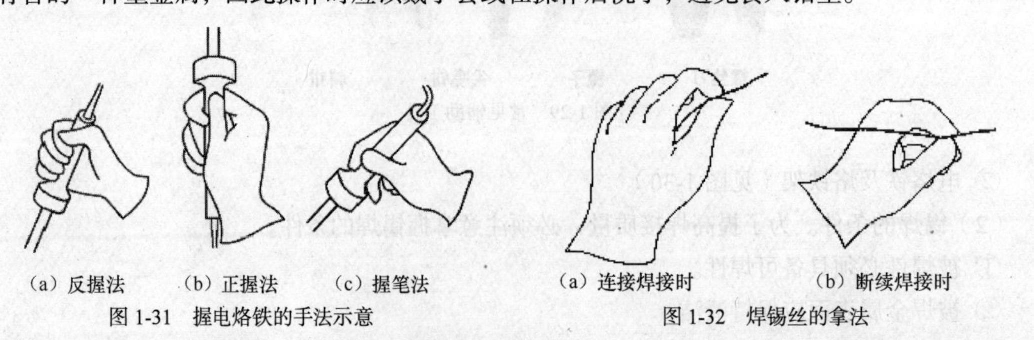

（a）反握法 （b）正握法 （c）握笔法

图 1-31 握电烙铁的手法示意

（a）连接焊接时 （b）断续焊接时

图 1-32 焊锡丝的拿法

（3）电烙铁使用以后，一定要稳妥地插放在烙铁架上，并注意导线等其他杂物不要碰到烙铁头，以免烫伤导线，造成漏电等事故。

4. 手工焊接的基本步骤

掌握好电烙铁的温度和焊接时间，选择恰当的烙铁头和焊点的接触位置，才可能得到良好的焊点。正确的手工焊接操作过程可以分解成 5 个步骤（五步法），如图 1-33 所示。

（1）步骤一：准备施焊（见图 1-33（a））。左手拿焊丝，右手握烙铁，进入备焊状态。要求烙铁头保持干净，无焊渣等氧化物，并在表面镀有一层焊锡。

（2）步骤二：加热焊件（见图 1-33（b））。烙铁头靠在两焊件的连接处，加热整个焊件全体，时间为 1～2 s。对于在印制板上焊接元器件来说，要注意使烙铁头同时接触两个被焊接物。例如，图 1-33（b）中的导线与接线柱、元器件引线与焊盘要同时均匀受热。

（3）步骤三：送入焊丝（见图 1-33（c））。焊件的焊接面被加热到一定温度时，焊锡丝从烙铁对面接触焊件。

注意：不要把焊锡丝送到烙铁头上！

（4）步骤四：移开焊丝（见图 1-33（d））。当焊丝熔化一定量后，立即向左上 45° 方向移开焊丝。

（5）步骤五：移开烙铁（见图 1-33（e））。焊锡浸润焊盘和焊件的施焊部位以后，向右上 45° 方向移开烙铁，结束焊接。从步骤三开始到步骤五结束，时间也是 1～2 s。

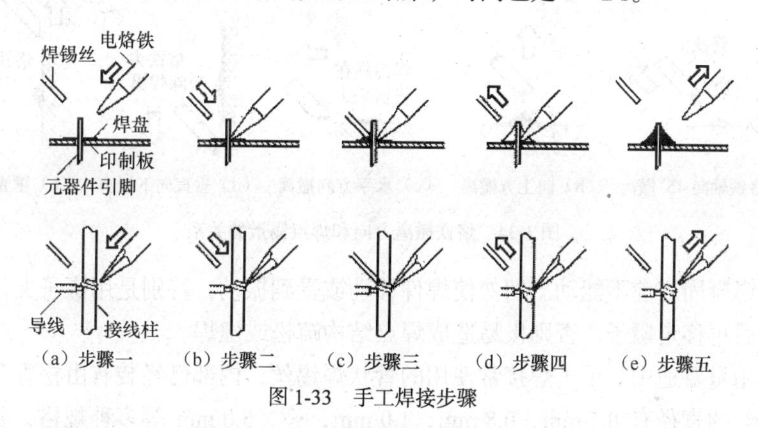

（a）步骤一　（b）步骤二　（c）步骤三　（d）步骤四　（e）步骤五

图 1-33　手工焊接步骤

对于热容量小的焊件，如印制板上较细导线的连接，可以简化为 3 步操作。

（1）准备：同以上步骤一。

（2）加热与送丝：烙铁头放在焊件上后即放入焊丝。

（3）去丝移烙铁：焊锡在焊接面上浸润扩散达到预期范围后，立即拿开焊丝并移开烙铁，并注意移去焊丝的时间不得滞后于移开烙铁的时间。

对于吸收低热量的焊件而言，上述整个过程的时间不超过 2～4 s，各步骤的节奏控制，顺序的准确掌握，动作的熟练协调，都是要通过大量实践并用心体会才能解决的问题。有人总结出了在五步法中用数秒的办法控制时间：烙铁接触焊点后数一、二（约 2 s），送入焊丝后数三、四，移开烙铁，焊丝熔化量要靠观察决定。此办法可以参考，但由于烙铁功率、焊点热容量的差别等因素，实际掌握焊接火候并无定章可循，必须具体条件具体对待。试想，对于一个热容量较大的焊点，若使用功率较小的烙铁焊接时，在上述时间内，可能加热温度还不能使焊锡熔化，焊接就无从谈起。

5. 手工焊接的技巧

（1）保持烙铁头的清洁。焊接时，烙铁头长期处于高温状态，又接触助焊剂等弱酸性物质，其表面很容易氧化腐蚀并沾上一层黑色杂质。这些杂质形成隔热层，妨碍了烙铁头与焊件之间的热传导。因此，要注意用一块湿布或湿的木质纤维海绵随时擦拭烙铁头。对于普通烙铁头，在腐蚀污染严重时可以使用锉刀修去表面氧化层，但对于长寿命烙铁头，就绝对不能使用这种方法了。

（2）靠增加接触面积来加快传热。加热时，应该让焊件上需要焊锡浸润的各部分均匀受热，而不是仅仅加热焊件的一部分，更不要采用烙铁对焊件增加压力的办法，以免造成损坏或不易觉察的隐患。有些初学者用烙铁头对焊接面施加压力，企图加快焊接，这是不对的。正确的方法是，要根据焊件的形状选用不同的烙铁头，或者自己修整烙铁头，让烙铁头与焊件形成面的接触而不是点或线的接触。这样，就能大大提高传热效率。

（3）加热要靠焊锡桥。在非流水线作业中，焊接的焊点形状是多种多样的，不大可能不断更换烙铁头。要提高加热的效率，需要有进行热量传递的焊锡桥。所谓焊锡桥，就是靠烙铁头上保留少量焊锡，作为加热时烙铁头与焊件之间传热的桥梁。由于金属熔液的导热效率远远高于空气，使焊件很快就被加热到焊接温度。应该注意，作为焊锡桥的锡量不可保留过多，不仅因为长时间存留在烙铁头上的焊料处于过热状态，实际已经降低了质量，还可能因焊点之间误连造成短路。

（4）烙铁撤离有讲究。烙铁的撤离要及时，而且撤离时的角度和方向与焊点的形成有关。图1-34所示为烙铁不同的撤离方向对焊点锡量的影响。

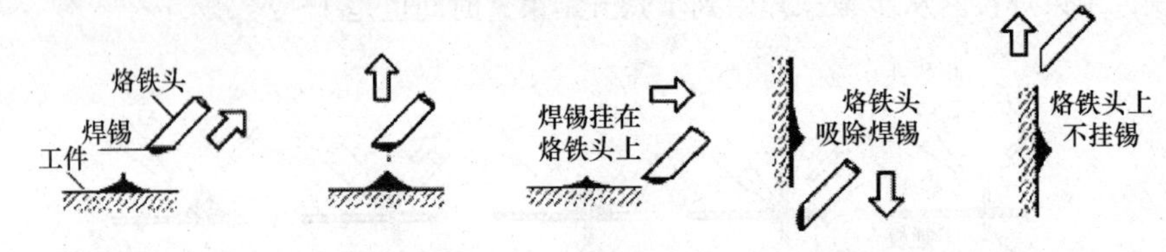

图1-34　烙铁撤离方向和焊点锡量的关系

（5）在焊锡凝固之前不能动。切勿使焊件移动或受到振动，特别是用镊子夹住焊件时，一定要等焊锡凝固后再移走镊子，否则极易造成焊点结构疏松或虚焊。

（6）焊锡用量要适中。手工焊接常使用的管状焊锡丝，内部已经装有由松香和活化剂制成的助焊剂。焊锡丝的直径有 0.5 mm，0.8 mm，1.0 mm，…，5.0 mm 等多种规格，要根据焊点的大小选用，一般，应使焊锡丝的直径略小于焊盘的直径。

焊接时，焊锡不易过量，过量的焊锡不但无必要地消耗了焊锡，而且还增加焊接时间，降低工作速度。更为严重的是，过量的焊锡很容易造成不易觉察的短路故障。

焊锡过少也不能形成牢固的结合，同样是不利的。特别是焊接印制板引出导线时，焊锡用量不足，极易造成导线脱落。焊点锡量的掌握如图1-35所示。

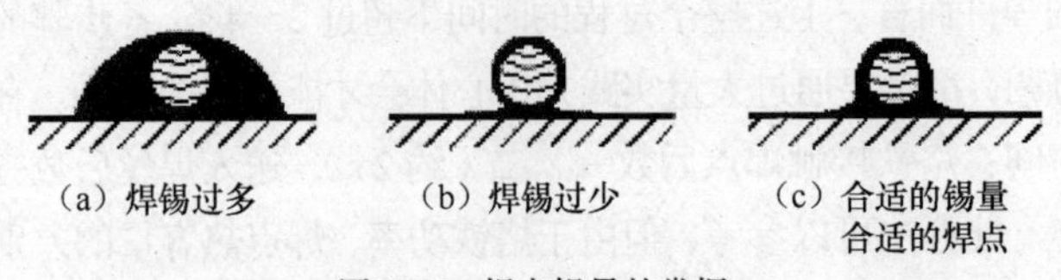

图1-35　焊点锡量的掌握

（7）焊剂用量要适中（有时不必使用助焊剂）。适量的助焊剂对焊接非常有利。过量使用松香焊剂，焊接以后势必需要擦除多余的焊剂，并且延长了加热时间，降低了工作效率。当加热时间不足时，又容易形成“夹渣”的缺陷。焊接开关、接插件的时候，过量的焊剂容易流到触点上，会造成接触不良。合适的焊剂量，应该是松香水仅能浸湿将要形成焊点的部位，不会透过印制板上的通孔流走。对使用松香芯焊丝的焊接来说，基本上不需要再涂助焊剂。目前，印制板生产厂在电路板出厂前大多进行过松香水喷涂处理，无需再加助焊剂。

（8）不要使用烙铁头作为运送焊锡的工具。有人习惯到焊接面上进行焊接，结果造成焊料的氧化。因为烙铁头的温度一般都在 300℃以上，焊锡丝中的助焊剂在高温时容易分解失效，焊锡也处于过热的低质量状态。特别应该指出的是，在一些陈旧的书刊中还介绍过用烙铁头运送焊锡的方法，请读者注意鉴别。

6. 手工焊点的质量要求

对焊点的质量要求，应该包括：可靠的电气连接、足够的机械强度以及光洁整齐的外观。

保证焊点质量最重要的一点，就是必须避免虚焊。

（1）虚焊产生的原因及其危害。虚焊主要是由待焊金属表面的氧化物和污垢造成的，它使焊点成为有接触电阻的连接状态，导致电路工作不正常，出现连接时好时坏的不稳定现象，噪声增加而没有规律性，给电路的调试、使用和维护带来重大隐患。此外，也有一部分虚焊点在电路开始工作的一段较长时间内，保持接触尚好，因此不容易发现。但在温度、湿度和振动等环境条件的作用下，接触表面逐步被氧化，接触慢慢地变得不完全起来。虚焊点的接触电阻会引起局部发热，局部温度升高又促使不完全接触的焊点情况进一步恶化，甚至最终使焊点脱落，电路完全不能正常工作。这一过程有时可长达一、二年，其原理可以用“原电池”的概念来解释：当焊点受潮使水汽渗入间隙后，水分子溶解金属氧化物和污垢形成电解液，虚焊点两侧的铜和铅锡焊料相当于原电池的两个电极，铅锡焊料失去电子被氧化，铜材获得电子被还原。在这样的原电池结构中，虚焊点内发生金属损耗性腐蚀，局部温度升高加剧了化学反应，机械振动让其中的间隙不断扩大，直到恶性循环使虚焊点最终形成断路。

据统计数字表明，在电子整机产品的故障中，有将近一半是由于焊接不良引起的。然而，要从一台有成千上万个焊点的电子设备里，找出引起故障的虚焊点来，实在不是容易的事。因此，虚焊是电路可靠性的重大隐患，必须严格避免。进行手工焊接操作的时候，尤其要加以注意。

一般来说，造成虚焊的主要原因是：焊锡质量差；助焊剂的还原性不良或用量不够；被焊接处表面未预先清洁好，镀锡不牢；烙铁头的温度过高或过低，表面有氧化层；焊接时间掌握不好，太长或太短；焊接中焊锡尚未凝固时，焊件松动。

（2）典型焊点的形成及其外观。在单面和双面（多层）印制电路板上，焊点的形成是有区别的：在单面板上，焊点仅形成在焊接面的焊盘上方；但在双面板或多层板上，熔融的焊料不仅浸润焊盘上方，还由于毛细作用，渗透到金属化孔内，焊点形成的区域包括焊接面的焊盘上方、金属化孔内和元件面上的部分焊盘，如图 1-36 所示。

典型焊点的外观，从外表直观看，对它的要求是：焊接导线时，以焊接导线为中心，对称呈裙形展开，焊锡薄而均匀，导线轮廓可见；焊接元器件时，形状为近似圆锥而表面稍微凹陷，呈漫坡状，如图 1-37 所示。

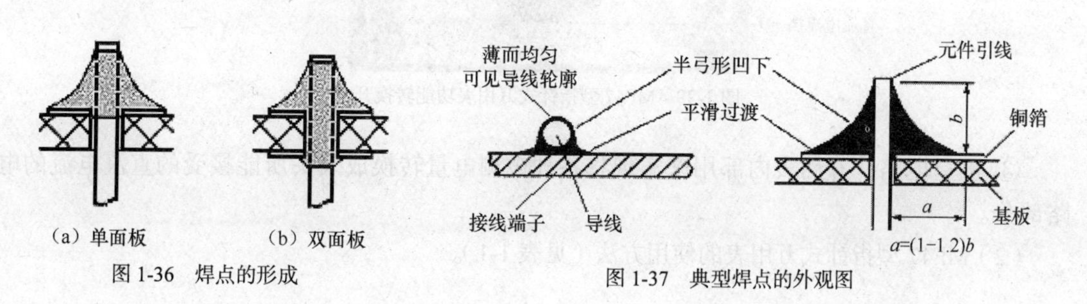

图 1-36　焊点的形成

图 1-37　典型焊点的外观图

焊点上，焊料的连接面呈凹形自然过渡（虚焊点的表面往往向外凸出，可以鉴别出来），焊锡和焊件的交界处平滑，接触角尽可能小；表面平滑，有金属光泽；无裂纹、针孔、夹渣。

二、万用电表的使用与元件整形

1. 万用电表的使用

万用表一般可以实现交流电压、直流电压、直流电流、电阻和晶体管放大系数等的测量。当前，常用的万用电表有指针式与数字式两种形式。数字万用电表只要注意插对表棒，选好功能挡位，按照规范进行测量，就可以直接读出测量值。而指针式万用电表除了以上要求外还要注意选择表头刻度线、读数换算等。本任务主要介绍指针式万用电表（以 MF-47 型为例）的使用。

（1）指针式万用电表的基本组成。指针式万用表主要由表头、功能转换开关和测量电路 3 部分组成。

① 表头。指针式万用表的表头一般采用高灵敏度的磁电系测量机构，是测量的显示装置。表头上的表盘印有多种符号、刻度线和数值。MF47 型指针式万用表表盘如图 1-38 所示。

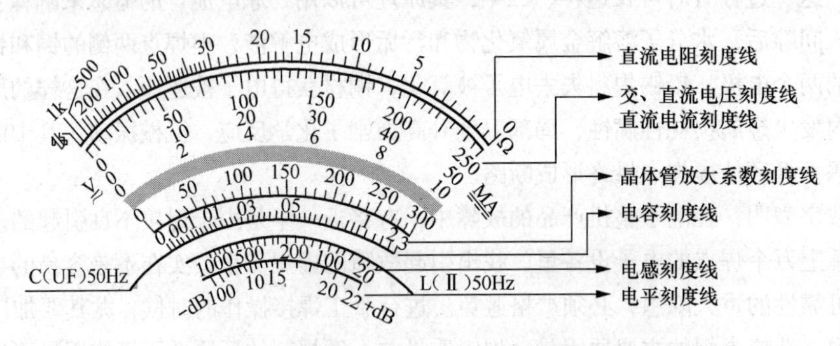

图 1-38　MF47 型指针式万用表表盘示意图

② 功能转换开关。万用表各种测量功能的转换是由一个多挡位的旋钮开关实现的。MF47 型指针式万用表功能转换开关如图 1-39 所示。

图 1-39　MF47 型指针式万用表功能转换开关

③ 测量电路。万用表内部用来实现将各种被测电量转换成表头所能接受的直流电流的电路部分。

（2）MF47 型指针式万用表的使用方法（见表 1-1）。

表 1-1 MF47 型指针式万用表的使用方法

被测电量	操作步骤
电阻	（1）选挡位：欧姆挡 （2）选量程：选择相应量程倍率，使指针尽量指在欧姆挡刻度尺 1/2 左右处（欧姆中心值处） （3）欧姆调零：短接红、黑两只表笔，调整"Ω"调零旋钮，使指针指在 0Ω位置 （4）定刻度：选标有"Ω"刻度线（一般为最上端刻度线），读取合适的刻度值 （5）测量：把两只表笔分开任意去接被测电阻的两端（注意不要接入人体电阻） （6）读数：电阻值 = 刻度值 × 该挡倍率
交流电压	（1）选挡位：交流电压挡 （2）选量程：当不知电压范围时先用高挡再换低挡，使指针落在满刻度 2/3 以上区域 （3）定刻度：选标有"V～"刻度线，读取合适的刻度值 （4）测量：表笔与被测电路并联，不分极性 （5）读数：电压值 = 指针所指刻度格数 ×（量程/总格数）
直流电压	（1）选挡位：直流电压挡 （2）选量程：当不知电压范围时先用高挡再换低挡，使指针落在满刻度 2/3 以上区域 （3）定刻度：选标有"V -"刻度线，读取合适的刻度值 （4）测量：表笔与被测电路并联。红笔接电路高电位端，黑笔接低电位端 （5）读数：电压值 = 指针所指刻度格数 ×（量程/总格数）
直流电流	（1）选挡位：直流电流挡 （2）选量程：当不知电流范围时先用高挡再换低挡，使指针落在满刻度 2/3 以上区域 （3）定刻度：选标有"mA"刻度线，读取合适的刻度值 （4）测量：断开被测电路，将万用表红、黑表笔串入，电流从红笔入黑表笔出 （5）读数：电压值 = 指针所指刻度格数 ×（量程/总格数）
晶体管 hFE	（1）选挡调零：将转换开关拨到 ADJ 挡，调零后将开关拨到 hFE 挡 （2）测量：将 E、B、C 3 引脚插入万用表对应插座，其中 PNP 管插 P 座内，NPN 管插 N 座内 （3）读表：在 hFE 刻度线上读出被测晶体管 hFE 的值

（3）指针式万用表使用注意事项。

① 万用表的红、黑表笔应分别插在表的"＋"、"－"（或"*"、"COM"）插孔里。

② 使用万用表时必须水平放置，否则易造成测量误差。

③ 万用表在使用过程中不要靠近强磁场，否则易造成测量结果不准确。

④ 测量前要注意量程转换开关位置是否正确，不能放错。如果测量电压时误将转换开关拨在电流或电阻挡，则将损坏表头。

⑤ 在使用万用表过程中，不能用手接触表笔的金属部分，这样一方面可以保证人身安全，另一方面可以保证测量数据的准确性。

⑥ 测量电阻时必须将被测电路与电源切断，当电路中有电容存在时必须先将电容短路放电，以免损坏仪表。

⑦ 用万用表测量某一电量时，不能在测量中换挡，尤其是在测量高电压或大电流时更应注意，否则会损坏万用表。正确的换挡方法是先断开表笔，再换挡测量。

⑧ 每次测量完毕后，应将转换开关置于交流电压最高挡，以免他人误用，造成仪表损坏，也可避免由于将量程拨在电阻挡，而把测试棒碰在一起致使表内电池长时间地耗电。

⑨ 万用表如果长期不用，应取出表内电池，以免电池腐蚀表内其他部件。

⑩ 表上有一个零点调整电位器，这是供测量电阻时用的，测量时应先将测试棒短接，调节调整器后，指针偏转到零，若无法调节指针到零点，则说明电池电压不足或内部接触不良。

⑪ 用万用表的欧姆挡测量半导体元件时，要记住黑表笔与表内电池的正极相接（数字式万用

表正好相反）。

2. 元器件整形及装配要求

通孔元件一般有立式安装与卧式安装两种形式，如图 1-40 所示。

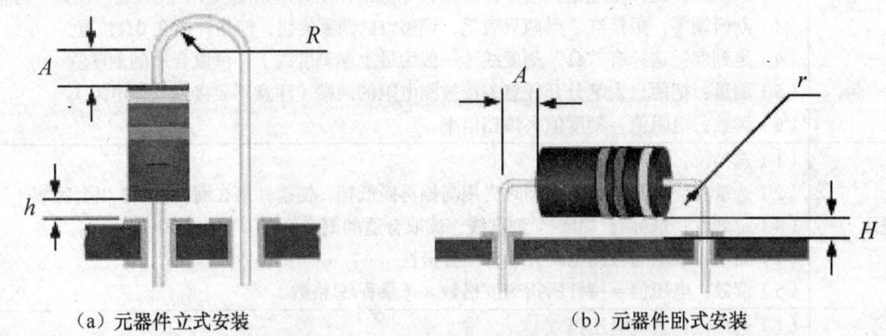

图 1-40　通孔元器件装配形式图

元器件焊装前应根据装配形式进行元器件整形。整形时，管脚弯折不能沿管脚与器件封装接合处进行（易折断管脚），一般要求离开接合处 2 mm 以上（即 $A\geqslant2$ mm）；管脚弯折也不能成直角，卧式安装一般成半径大于 3 倍管脚直径的圆弧弯折（$r\geqslant3d$），立式安装一般成半径大于元件体直径的圆弧弯折（$R\geqslant D$）。

元器件焊装时，为了保障散热效果，元器件不能紧贴印制电路板。对于立式安装，元件体与焊盘间距应大于 0.4 mm 且小于 1.5 mm（1.5 mm$\geqslant h\geqslant$0.4 mm）；卧式安装元件体与焊盘间距应大于 1.5 mm（$H\geqslant$1.5 mm），对于中、大功率元件，元件体与焊盘间距应适当加大。另外，伸出焊盘管脚长度应小于 4 mm。

三、直流稳压电源应用电路

1. 原理图

图 1-41 所示为一个带有放大环节的串联型直流可调稳压电源电路。

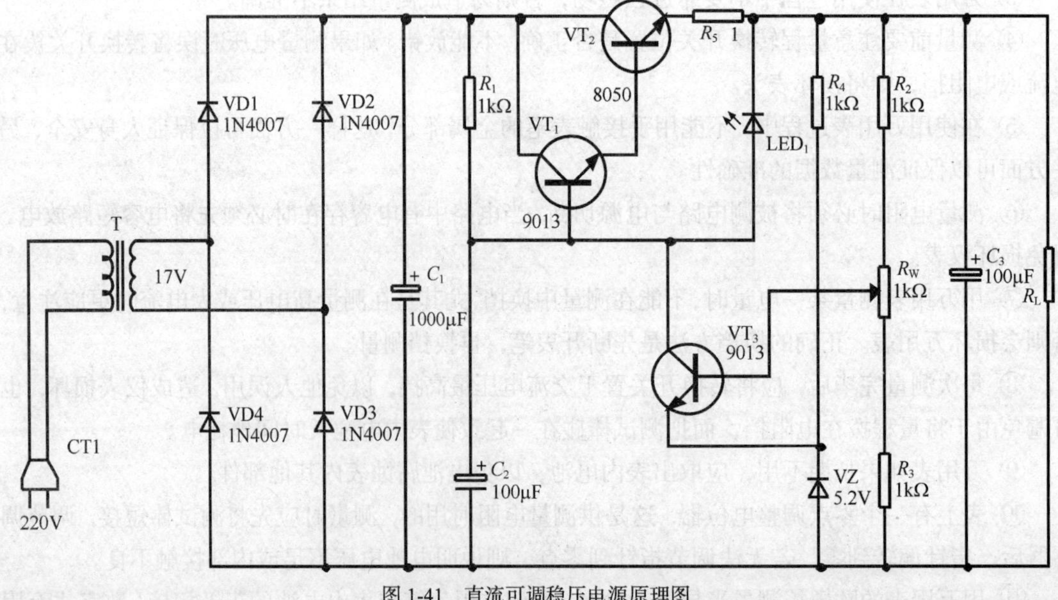

图 1-41　直流可调稳压电源原理图

2. 工作原理

220V 交流电经过变压器 T 降压，得到 17 V 交流电；再经 VD_1～VD_4 组成的桥式整流电路得到一个全波的脉动直流电；再经 C_1 滤波后成为平滑的直流电；然后经由 R_1、VT_1、VT_2、VT_3、R_4、VZ、R_2、R_W、R_3 组成的串联型稳压电路稳压后得到稳恒的直流电提供给负载 R_L。

电路中，R_5、LED_1 构成过载保护与指示电路，负载电流越大，R_5 上压降也越大，当它与 VT_1、VT_2 的电压和超过约 1.8 V 时，LED_1 开始导通续流，减小了复合调整管的基极电流，从而抑制了负载电流的增大。

实践操作

直流稳压电源装配

1. 元器件选择与测量

（1）元器件选择。根据应用电路，元器件清单见表 1-2。

表 1-2　　所需元器件列表

元件编号	参　数	封　装	数　量	备　注
C_1	1 000 μF/35 V	RB.3/.6	1	电容
C_2	100 μF/35 V	RB.2/.4	1	电容
C_3	100 μF/25 V	RB.2/.4	1	电容
JP	Header 3H	HDR1X3H	1	三针插头
LED_1	red	DIODE0.3	1	发光二极管
R_1	1kΩ /0.25 W	AXIAL0.3	1	电阻
R_2	1kΩ /0.25 W	AXIAL0.3	1	电阻
R_3	1kΩ /0.25 W	AXIAL0.3	1	电阻
R_4	1kΩ /0.25 W	AXIAL0.3	1	电阻
R_5	1kΩ /1 W	AXIAL0.3	1	电阻
R_w	1kΩ	VR4	1	可调电阻
T	220 V/17 V		1	电源变压器
VD_1	1N4007	DIODE0.4	1	二极管
VD_2	1N4007	DIODE0.4	1	二极管
VD_3	1N4007	DIODE0.4	1	二极管
VD_4	1N4007	DIODE0.4	1	二极管
VT_1	9013	TO-39	1	三极管
VT_2	8050	TO-39	1	三极管
VT_3	9013	TO-39	1	三极管
VZ	5.2 V	DIODE0.4	1	稳压二极管

（2）元器件测量。

① 电阻测量。用万用表欧姆挡测出 R_1～R_5 的阻值并做好标记。

使用万用表欧姆挡测电阻应遵循“指针式万用表的使用方法”中所讲的测电阻的步骤进行。测量电阻时还应注意以下两点。

- 两只表笔不要长时间碰在一起。
- 两只手不能同时接触两根表笔的金属杆、或被测电阻两根引脚，以免引起测量误差。测量时最好用右手同时持两根表笔，如图 1-42 所示。

② 可调电阻的检测。检查可变电阻时，先根据被测可调电阻阻值的大小，选择好万用表的合适电阻挡位，然后可按下述方法进行检测。

- 检测标称阻值是否正确。用万用表的欧姆挡测“1”、“3”两端，其读数应为可调电阻的标称阻值，如万用表的指针不动或阻值相差很多，则表明该可调电阻已损坏。

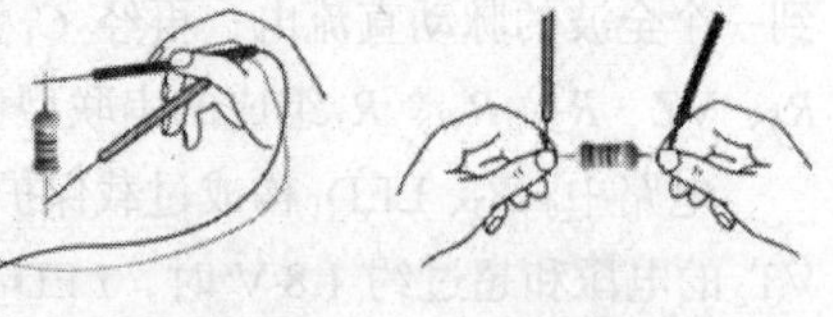

(a) 正确手法　　(b) 错误手法

图 1-42　万用表测电阻器

- 检测可调电阻的活动臂与电阻片的接触是否良好。用万用表的欧姆挡测“1”、“2”（或“2”、“3”）两端，用螺丝起子按逆时针方向旋转，电阻阻值会逐渐变小。再顺时针慢慢旋转轴柄，电阻值应逐渐增大，当旋至极端位置时，阻值应接近电位器的标称值。在测量过程中，表头中的指针应平稳移动，如万用表的指针在可调电阻旋转过程中有跳动现象，说明活动触点有接触不良的故障。

③ 电容器的测量。检测 0.01 μF 以下的电容器时，因容量较小，用万用表只能定性地检查其是否有漏电，内部短路或击穿现象。测量时，可选用万用表 R×10k 挡，用两表笔分别任意接电容的两个引脚，阻值应为无穷大或很大（此时的电阻为电容器的漏电阻）。若测出阻值很小或为零，则说明电容漏电损坏或内部击穿。

检测 0.01 μF 以上的电容器时，对耐压较低的电解电容器（6 V 或 10 V），电阻挡应放在 R×100 或 R×1 k 挡（小容量电容选低挡测量，大容量电容选高挡测量），测量时万用表指针右摆后慢慢恢复到零位或零位附近为正常。电容器的容量越大，充电时间越长，指针摆动得也越慢。可以根据电表指针摆动的大小来比较两个电容器容量的大小。

电解电容器由于其特殊的内部结构需要区分正、负极，使用中要根据要求接对极性。正常情况下，电解电容器的引脚都会有正、负极标志，或者根据电解电容器一般正极引脚长的特点来进行极性判断。一般说来，管脚长的电极为正极，短的为负极；另外，外封装上一般都有一个负号标志，其对应管脚即为负极，如图 1-43 所示。若电解电容器正、负引线标志不清时，可根据它正接时漏电电流小（电阻值大），反接时漏电电流大的特性来判断。具体方法是：用红、黑表笔接触电容器的两引线，记住漏电电流（电阻值）的大小（指针回摆并停下时所指示的阻值），然后把此电容器的正、负引线短接一下，将红、黑表笔对调后再测漏电电流。以漏电流小（漏电阻大）的示值为标准进行判断，与黑表笔接触的那根引线是电解电容器的正端。

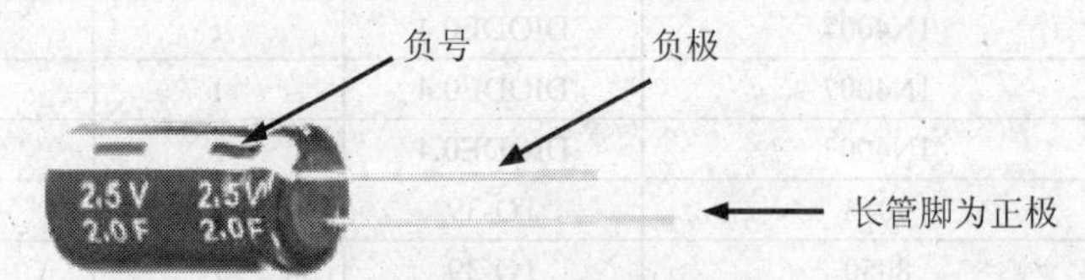

图 1-43　电解电容器管脚极性特征示意图

应用以上方法测判电容 C_1～C_3 极性并确定其是否损坏。

④ 二极管测量。应用本项目任务一中提到的二极管测量方法，测出 VD_1～VD_4、VZ 及 LED 的极性与好坏。

⑤ 三极管测量。三极管是由两个 PN 结（发射结、集电结）组成的器件，一般具有 3 个引脚（某些高频三极管具有 4 只引脚，其中一个脚接管壳，供接地屏蔽用）。使用万用表可以判别三极管的管型（NPN 或 PNP 型）、管脚（e、b、c）并估计三极管的性能好坏。

- 体三极管管型与管脚测量。图 1-44 所示为 NPN 和 PNP 型晶体三极管的 PN 结结构。根据图示结构，可以使用万用电表区分出三极管的管型和管脚。具体测量方法如下。

a. 区分三极管的基极 b。由图 1-44 可以看出，如果在 c、e 之间加测量电压，无论电源方向如何，总有一个 PN 结处于反向偏置状态，电路不会导通。

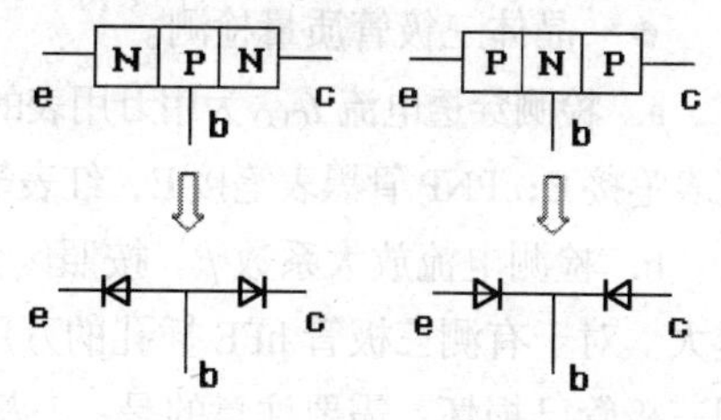

图 1-44 三极管 PN 结结构示意图

测量方法：中、小功率三极管宜选用电阻挡的 R×100 挡或 R×1k 挡进行测量。用万用表的红、黑表笔分别接触三极管的任意两个管脚，测量一次后，如果电阻值无穷大，则将红、黑表笔交换，再测这两个管脚一次。如果两次测得的电阻值都是无穷大，说明被测的两个管脚是集电极 c 和发射极 e，剩下的一个则是基极 b。如果在两次测量中，有一次的阻值不是无穷大，则换一个管脚再测，直到找出正、反向电阻都大的两个管脚为止（如果在 3 个管脚中找不出正、反向电阻都大的两个管脚，说明三极管已经损坏，至少有一个 PN 结已经击穿短路）。注意：带阻尼二极管的三极管除外。

b. 区分三极管的管型（NPN、PNP）。测出三极管的基极 b 后，通过再次测量来区分三极管是 NPN 型还是 PNP 型。由图 1-44 可知，当在晶体三极管基极加测量电压的正极时，NPN 管的基极对另外两个极都是正向偏置，而 PNP 管的基极对另外两个极都是反向偏置。据此，可以进行以下测量来区分三极管的管型。

将万用表的黑表笔（指针式万用表，黑表笔接内电池的正极）接触已知的基极，用红表笔分别接触另外两个管脚，如果两次 PN 结都导通（电阻较小），说明被测管是 NPN 型，否则是 PNP 型。

c. 区分发射极 e 和集电极 c。三极管的发射结、集电结对称于基极，因此，仅仅通过测量“PN 结单向导电性”难以区分出哪一个是发射极，哪一个是集电极。但由于晶体三极管特殊的工艺特点，可以通过给三极管加偏置电压的方法来区分发射极和集电极。已知在给三极管加上基极偏置电阻后，只要 c、e 正确连接电源，三极管具有较大的电流放大的能力，用万用表Ω挡测量，c、e 之间的电阻小；当 c、e 间电源连接反了时，电流放大能力差，c、e 之间的电阻相对较大。具体检测方法如下。

在已经确定了“管型”和“基极”的被测三极管上，先假定基极之外的两个脚中的某一个脚是集电极，则另一个脚为假定发射极。对“NPN”管可用万用表的 R×100 挡或 R×1k 挡按图 1-45 进行测试（PNP 管需将两表笔对调）。图中的 100kΩ电阻是基极偏流电阻，需要外接，并与假定的集电极连接。在假定的集电极上连接黑表笔，在假定的发射极上连接红表笔，记录万用表的读数；然后将假定管脚交换（即将假定的集电极与发射极交换），仍按上述方法连线测量（注意基极偏流电阻总是连接假定的集电极），再次记录读数。两次测量中，读数小（即电阻值小）的一次是正确的假定。这样就区分出了发射极和集电极。为了方便，测量时，基极偏置电阻也可以用人体电阻代替。即，可用湿润的手指捏住基极和假定的集电极来进行测量；或者用两手分别捏住两表笔和管脚，然后用舌尖舔基极进行测量（因卫生问题，不建议使用此法）。

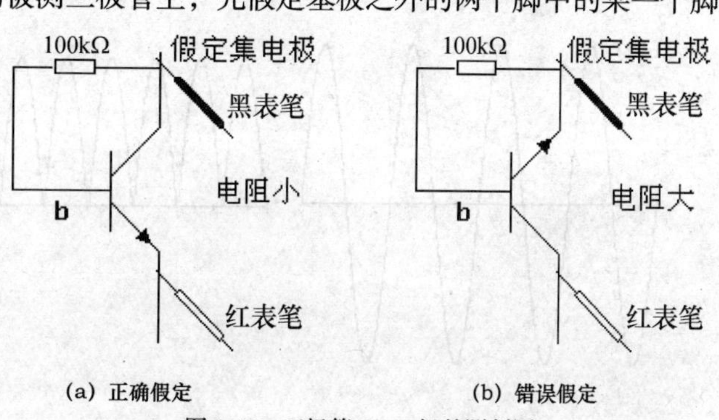

图 1-45 三极管 C、E 极的测判图

对于有测三极管 hFE 插孔的万用表，在先测出 b 极和管型后，再将三极管插到相应管型的插孔中（C、E 可任意插入，B 极要插准确），测量 hFE 的值，然后再将管子“C、E”极倒过来再测

一遍，测得 hFE 值比较大的一次，各管脚插入的位置是正确的。

● 晶体三极管质量检测。

a. 检测穿透电流 I_{CEO} 为用万用表的欧姆挡测量三极管 C、E 间的电阻（NPN 管，黑表笔接 C，红表笔接 E；PNP 管黑表笔接 E，红表笔接 C），C、E 间的电阻越大表明 I_{CEO} 越小，管子质量越好。

b. 检测电流放大系数 β。按照区分三极管 C、E 的方法进行测量，表针偏转越大，管子的 β 越大。对于有测三极管 hFE 插孔的万用表，可直接测出 β 值。测量中，若 β 很小或为“0”，表明三极管已损坏。需要注意的是：三极管实际应用中，并非 β 值越大越好，因为 β 值越大往往其穿透电流 I_{CEO} 就越大，热稳定性就越差。

c. 检测晶体三极管的两个 PN 结。用万用表的电阻挡分别测两个 PN 结，确认是否有击穿或断路现象。

2. **电路装配与测量**

（1）整形。本电路中二极管与电阻均按卧式安装要求整形，其他元器件采用立式安装。卧式安装的元器件要保证有参数标记的一面向上。

（2）焊接。将选择测量好的元器件按图 1-46 所示进行装配焊接。

（3）检查。检查电路有无错焊、虚焊现象。

（4）试验测量。接上 220 V/17 V 变压器，接通电源，用万用表直流电压 50 V 挡测量输出电压。调整 R_W，观察输出电压的变化情况。

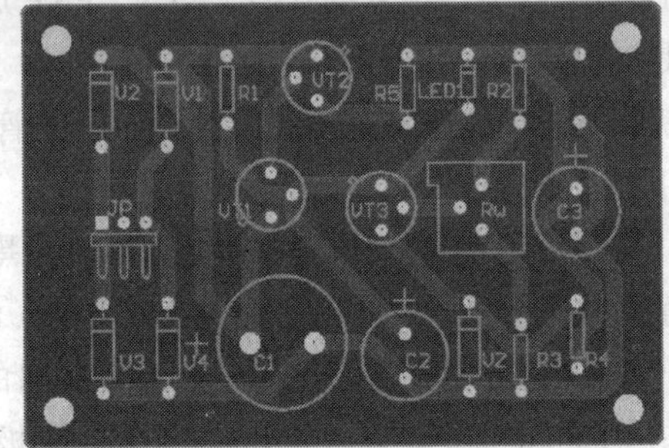

图 1-46 直流稳压电源印制装配电路

（5）波形观察。通电状态下，用示波器分别测量整流输入及输出的信号波形。焊下滤波电容 C_1、C_2，再观测整流输出波形。画出并比较 3 次测量的波形差别，说明 3 次测量的波形成因。图 1-47 是本电路三次测量的波形图（示波器时间扫描比例调为 20 ms，Y 轴幅值比例调为 10 V）。

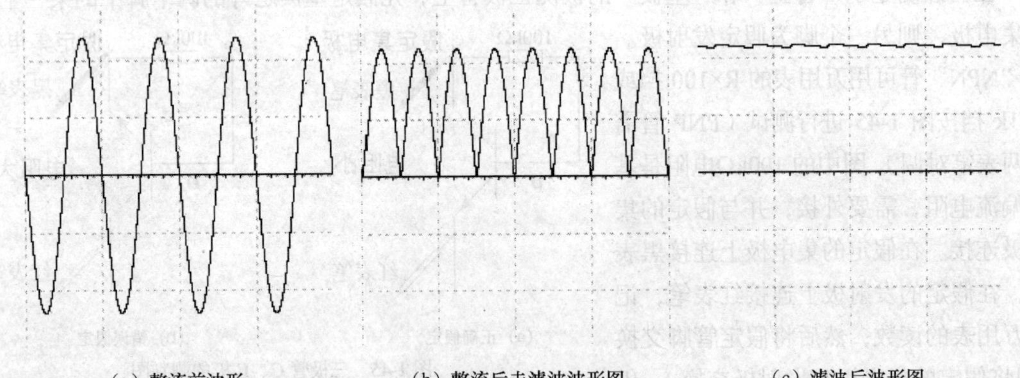
（a）整流前波形　（b）整流后未滤波波形图　（c）滤波后波形图

图 1-47 整流前、后及滤波后的波形图

3. **常见故障及排除**

（1）无输出电压（即输出电压为零）。电路输出电压为零，实际就是电路无输出。可以从电路输入端分析到输出端，不难看出，如果电路存在以下几种情况中任意一种情况，电路均会无输出电压。

①变压器 T 初级开路；②变压器 T 的次级开路；③桥式整流电路开路；④电容 C_1 短路；⑤ R_1 开路；⑥电容 C_2 短路；⑦VT_1 发射结开路；⑧VT_2 发射结开路。

判断到底是由哪一种原因造成的？可以按下列步骤来检测。

步骤一：测量 VT_1 集电极对地电压。

从电路可知，VT_1 集电极对地正常电压应等于整流、滤波部分的输出电压（即 C_1 两端电压）。

若测得 VT_1 集电极对地电压为零，即整流、滤波后无电流输出，就说明是变压器初级或次级开路、或整流电路引线开路。这几种情况中任意一种存在，都会使整流、滤波部分无电流流向稳压部分。电路就无输出电压。

若测得 VT_1 集电极对地电压正常，则进行第二步。

步骤二：测 VT_1 基极对地电压。

从电路可知，VT_1 基极对地电压正常情况下应比电路的输出电压高出 1.4 V 左右（VT_1、VT_2 两管的发射结导通电压各取 0.7 V，共 1.4 V）。

若测得 VT_1 基极对地电压为零，则说明是电容 C_2 短路或电阻 R_1 开路。C_2 短路使 VT_1 基极与地直接相连，VT_1 基极对地电压为零，复合调整管就处于截止状态，电路就无输出，即输出电压为零；电阻 R_1 开路，VT_1 基极电流为零，其基极对地电压也为零，复合调整管也就处于截止状态，电路就无输出，即输出电压为零。

若测得 VT_1 基极对地电压正常，则说明可能是 VT_1、VT_2 发射结开路。VT_1、VT_2 任意一个或两个的发射结开路时，复合调整管都无输出，电路输出也为零。

上述过程可用图 1-48 来表示。

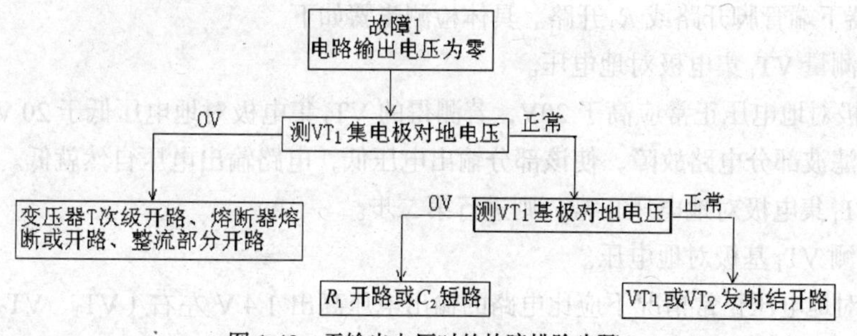

图 1-48　无输出电压时的故障排除步骤

（2）输出电压高于正常电压且不可调。此故障可由以下几种原因引起。

① VZ 开路；②VT_3 的 b-e 结击穿；③VT_3 的 b-e 结开路；④电位器上端管脚或抽头开路。具体检测步骤如下。

步骤一：测 VT_1 的集电极对地电压。

VT_1 集电极对地电压正常。一般情况下，此时测得的 VT_1 集电极对地电压都是正常的。

步骤二：测 VZ 对地电压。VZ 对地电压正常为 5.2V 左右。

若测得 VZ 对地电压远高于 5.2V，说明是 VZ 开路。这样，就会为使 VT_3 的发射极对地电压升高，VT_3 的发射结零偏或反偏，其基极电流为 0，集电极电流也为 0，使流过 VT_1、VT_2 的基极电流增大，其集电极电流也增大，复合调整管管压降就降低，从而就使输出电压更高。

若测得 VZ 对地电压正常，则进行第三步。

步骤三：测 VT_3 基极对地电压。

VT_3 基极对地正常电压应为 VZ 正常对地电压与 VT_3 的 b-e 结的结间电压之和（5.2 V+0.7 V=5.9 V）。

若测得 VT_3 基极对地电压大于 6 V，则说明是 VT_3 的 b-e 结开路。

若测得 VT_3 基极对地电压为 5.2 V，则说明是 VT_3 的 b-e 结击穿，也可能是电位器上端管脚或抽头开路。上述过程可用图 1-49 来表示。

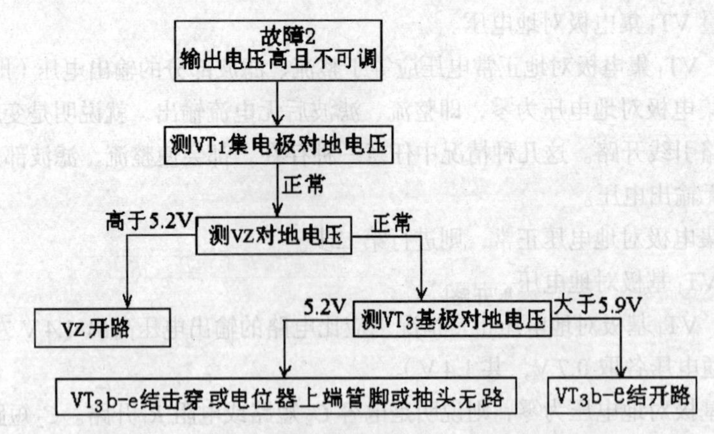

图 1-49　输出电压高于正常电压且不可调故障排除步骤

（3）输出电压低于正常电压或低且不可调。此故障可由以下几种原因引起。

① 变压器、整流、滤波部分电路故障。

② R_1阻值过大或电容 C_2 漏电。

③ VZ 有短路或击穿。

④ VT_3 的 c-e 结漏电或击穿。

⑤ 电位器下端管脚开路或 R_3 开路。具体检测步骤如下。

步骤一：测量 VT_1 集电极对地电压。

VT_1 集电极对地电压正常应高于 20V，若测得的 VT_1 集电极对地电压低于 20 V，就说明是变压器或整流、滤波部分电路故障，使该部分输出电压低，电路输出电压自然就低。

若测得 VT_1 集电极对地电压正常，则进行第二步。

步骤二：测 VT_1 基极对地电压。

VT_1 基极对地电压正常情况下应比电路的输出电压高出 1.4 V 左右（VT_1、VT_2 两管的发射结导通电压各取 0.7 V，共 1.4 V）。

若测得 VT_1 基极对地电压低于正常电压，则进行第三步。

步骤三：断开 VT_3 的集电极重测 VT_1 基极对地电压。

若此时测得的 VT_1 基极对地电压还是低于正常电压，则说明是 R_1 电阻值过大或是电容 C_2 漏电。由电路可知，R_1 电阻值过大，在电路输入总电压不变的情况下，R_1 两端电压降升高，VT_1 基极对地电压就降低，其基极电流降低，复合管集电极电流降低，复合调整管管压降就会升高，这样，会使整个电路输出电压更低；电容 C_2 漏电，就会使 VT_1 基极对地电压降低，同样其基极电流降低，复合调整管集电极电流降低，复合调整管管压降就会升高，从而使整个电路输出电压更低。

若此时测得的 VT_1 基极对地电压升高，则说明是 VZ 有短路或反接，或是 VT_3 的 c-e 结漏电或击穿，或是电位器下端管脚开路。VZ 有短路或反接，VZ 对地电压必然很低（可直接测 VZ 对地电压），此时，就会使 VT_3 的 b-e 间电压 V_{be} 升高，其基极电流增大，集电极电流也增大，使流过 VT_1 的基极电流减小，其集电极电流也减小，复合调整管管压降就升高，从而就使输出电压变低。当电位器下端管脚或 R_3 开路时，VT_3 基极电流增大，集电极电流也增大（VT_3 饱和），VT_1 基极电压、电流就减小，其集电极电流也减小，复合管管压降就升高，从而就使输出电压变低且不可调。

上述过程用图 1-50 来表示。

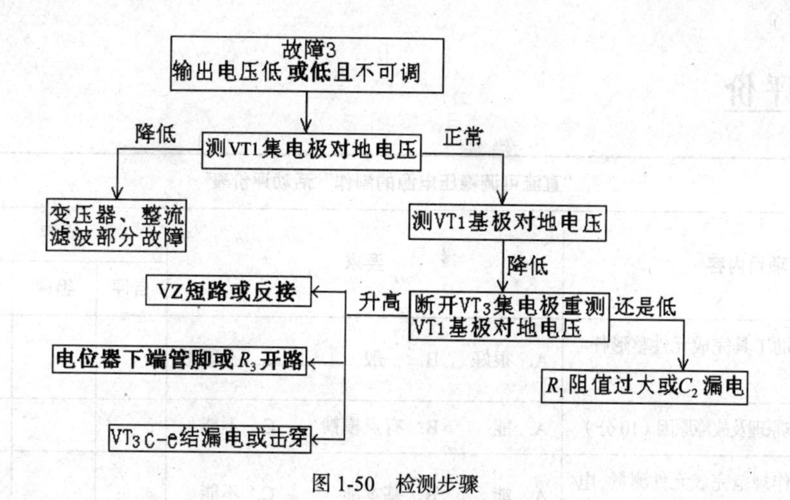

图 1-50　检测步骤

安全文明要求

1. 焊接过程中，电烙铁不用时要将烙铁插入烙铁架，以免烫伤或烫坏衣物及其他物体。
2. 通电试验时，要确定变压器初级接头与电源连接处绝缘良好，以免发生触电事故。
3. 仪器仪表测量电压及波形时，要确保量程与接线正确，以免损坏仪器仪表。

技能考核

请将直流稳压电源装配技能训练实训评分填入下表中。

序号	项目	考核要求	配分	评分标准	得分
1	元器件测量	能正确使用万用表进行各类元器件测量	20	（1）万用表操作不规范，每出现一次扣2分 （2）每有一个元器件测量不正确扣3分	
2	直流稳压电源装配与测量	（1）能根据要求正确进行元器件整形 （2）能规范使用电烙铁进行焊接且保证焊接质量 （3）能正确应用万用表和示波器进行电压与波形测量	60	（1）元器件整形不恰当，每出现一处扣2分 （2）焊接质量不高或有虚焊现象，视情况酌情扣2～20分 （3）仪器使用不规范或测量数据与波形测量不正确，视情况酌情扣2～20分 （4）电路不能正常工作，视情况扣10～20分	
3	直流稳压电源常见故障排除	（1）能根据故障现象正确分析故障原因 （2）能根据故障现象排除实际故障	20	（1）故障分析不正确，视情况扣2～10分 （2）不能在规定时间内正确排除故障，每有一个不能排除的故障点扣5分 （3）故障排除过程中人为损坏器件视情况扣5～20分	
安全文明操作		违反安全文明操作规程（视实际情况进行扣分）			
额定时间		每超过5 min扣5分		得分	

学习评价

"直流可调稳压电源的制作"活动评价表

项目内容	要求	评定			
		自评	组评	师评	总评
能正确使用辅助工具完成元件整形任务（10分）	A. 很好 B. 一般 C. 不理想				
能分析电路工作原理及故障原因（10分）	A. 能 B. 有点模糊 C. 不能				
能按正确的操作规范完成元件测量、电压及波形测量（20分）	A. 能 B. 基本能 C. 不能				
能按要求完成电路装配及通电试验（30分）	A. 能 B. 基本能 C. 不能				
能独立完成实训报告的填写（10分）	A. 能 B. 基本能 C. 不能				
能请教别人、参与讨论并解决问题（10分）	A. 很好 B. 一般 C. 没有				
上进心、责任心（协作能力、团队精神）的评价（10分）	个人情感能力在活动中起到的作用： A. 很大 B. 不大 C. 没起到				
合计					

学生在任务完成过程中遇到的问题	
问题记录	1.
	2.

项目二

分压式偏置稳定放大器的制作

项目描述：放大电路实际上是以小信号控制放大电路的工作，使它能输出幅度较大的、与小信号变化规律完全相同的信号，各种电子设备中都有放大电路。基本放大电路是电子电路中的基本单元电路，其中分压式偏置电路是实践中使用较多的电路，如图 2-1 所示。分压式偏置放大电路能在外界因素变化时，自动调节静态工作点的位置，使静态工作点稳定。

通过本项目的理论学习和实践操作，同学们将学会放大电路的结构和工作原理、会安装分压式偏置放大电路、能排除电路常见故障等。

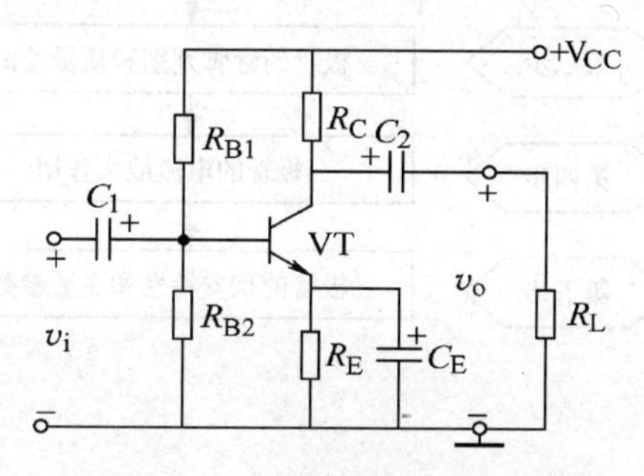

图 2-1　分压式偏置放大电路原理图

任务一　三极管的认识与检测

知识目标

- 熟悉常见三极管外形、符号与型号
- 掌握三极管的管脚判别与质量检测
- 熟悉三极管的电流放大作用
- 掌握三极管的伏安特性与主要参数

技能目标

- 能目测区分三极管的管脚极性
- 能用指针式万用表区分三极管管脚极性和质量检测
- 能按照安全规范标准进行规范操作

工作任务

某电工电子实验小组组装的放大电路放大能力达不到要求，需要极限参数高、性能好的三极管。小组成员李丽按照要求从仪器室找来三极管换上，电路达到放大要求。

你想知道她是怎么完成的吗？一起来学一学，做一做吧。

实施细则

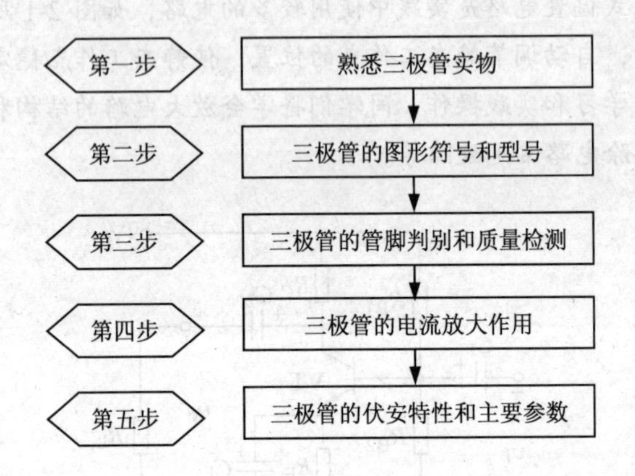

相关知识

一、熟悉常见三极管

几种常见三极管的实物如图 2-2 所示。

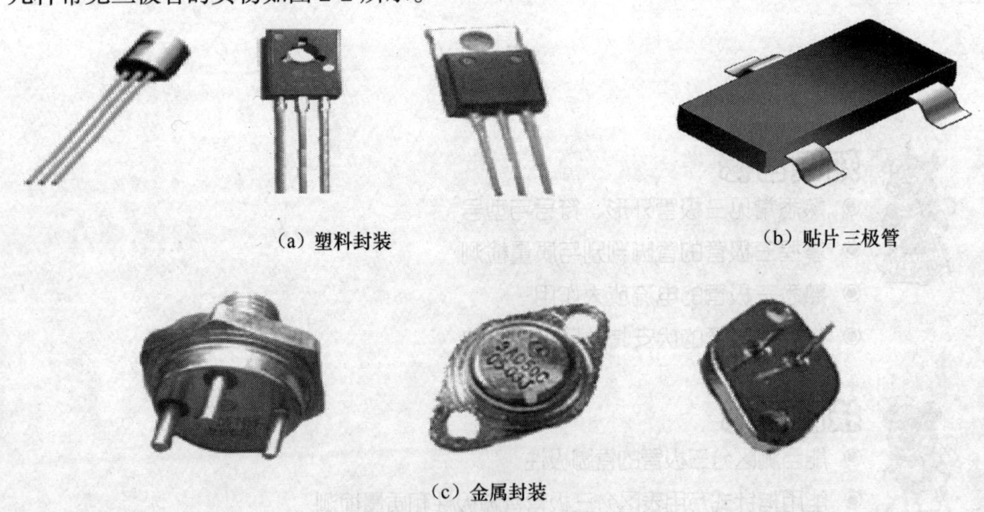

（a）塑料封装　（b）贴片三极管

（c）金属封装

图 2-2　部分三极管实物图形

二、三极管的结构

图 2-3 所示为三极管的结构示意图及图形符号。它由两个 PN 结组成，从而形成 3 个区域：集电

区、基区和发射区。基区和集电区之间的PN结称为集电结，基区和发射区之间的PN结称为发射结。由集电区、基区和发射区各引出一个电极，分别称为集电极、基极和发射极，依次用c、b和e表示。

根据3个区半导体材料类型的不同，三极管可分为PNP型和NPN型两大类。基区为P型半导体的称为NPN型三极管，如图2-3（a）所示；基区为N型半导体的称为PNP型三极管，如图2-3（b）所示。三极管的文字符号是VT，图形符号如图2-3所示。发射极箭头方向表示发射极正偏时电流的方向。

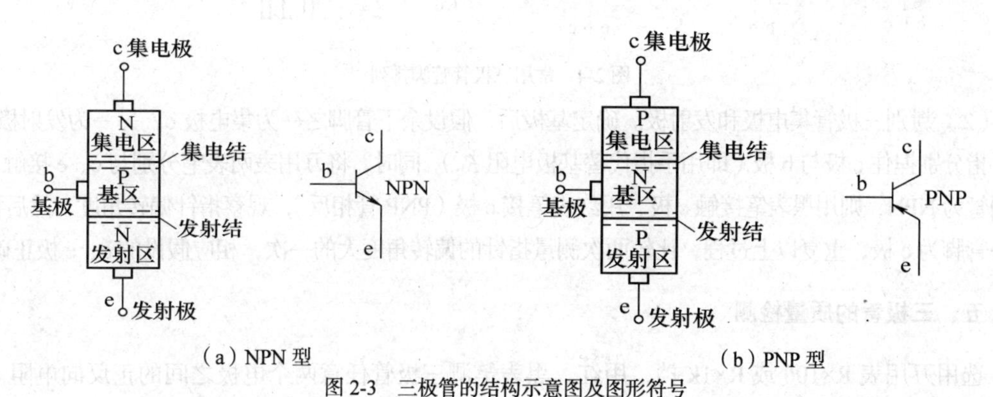

（a）NPN型　　（b）PNP型

图2-3　三极管的结构示意图及图形符号

三、三极管的型号

一般在三极管的外壳上都标有它的型号。

国产三极管型号的命名方法：国产三极管型号由5部分组成。

（1）第一部分：用数字表示半导体器件有效电极数目。2表示二极管，3表示三极管。

（2）第二部分：用汉语拼音字母表示半导体器件的材料和极性。A表示PNP型锗材料、B表示NPN型锗材料、C表示PNP型硅材料、D表示NPN型硅材料。

（3）第三部分：用汉语拼音字母表示半导体器件的类型。

X表示低频小功率管（f<3MHz，P_c<1 W）。

G表示高频小功率管（f>3MHz，P_c<1 W）。

D表示低频大功率管（f<3MHz，P_c>1 W）。

A表示高频大功率管（f>3MHz，P_c>1 W）。

（4）第四部分：用数字表示序号。

（5）第五部分：用汉语拼音字母表示规格号。

例如，3DG18表示NPN型硅材料高频三极管。

四、三极管的管脚判别

1. 目测判别

常用9011～9018、1815系列三极管管脚排列如图2-4所示。平面对着自己，引脚朝下，从左至右依次是e、b、c，即1是发射极e，2是基极b，3是集电极c。

2. 用指针式万用表判别

（1）判别三极管基极。选用万用表R×100Ω或R×1kΩ挡。对于NPN管，用黑表笔接假定的基极，用红表笔分别接触另外两个极，若测得电阻都小，也就是测量指针的偏转角度大；而将黑、红两表笔对调，测得电阻均较大，也就是测量指针的偏转角度小，此时假定的电极就是基极。而对于PNP管，情况正相反，测量时两个 PN 结都正偏（电阻均较小）的情况下，红表笔所接电极为基极。

图 2-4　常用三极管管脚排列

（2）判别三极管集电极和发射极。确定基极后，假设余下管脚之一为集电极 c，另一为发射极 e，用手指分别捏住 c 极与 b 极（即用手指代替基极电阻 R_b）。同时，将万用表两表笔分别与 c、e 接触，若被测管为 NPN，则用黑表笔接触 c 极、用红表笔接 e 极（PNP 管相反），观察指针偏转角度；然后再设另一管脚为 c 极，重复以上过程，比较两次测量指针的偏转角度大的一次，相应假设的 c、e 极正确。

五、三极管的质量检测

选用万用表 R×100 或 R×1k 挡，用红、黑表笔测三极管任意两个电极之间的正反向电阻。如果测得任意两极间的正反向电阻均较大，说明三极管内部开路；如果测得任意两极间的正反向电阻均较小，说明三极管内部短路。如果测得任意两极间的正反向电阻有两次较小，其余测量值均较大，说明三极管质量好。

六、三极管的电流放大作用

1. 三极管放大状态的工作电压

要使三极管工作在放大状态，必须给它的发射结加正向电压，集电结加反向电压。图 2-5 所示为三极管工作在放大状态时的共射极电路接线图。

2. 三极管的电流放大作用

三极管电流测量电路图 2-6 所示，可在实验室搭接实际电路来测量分析。

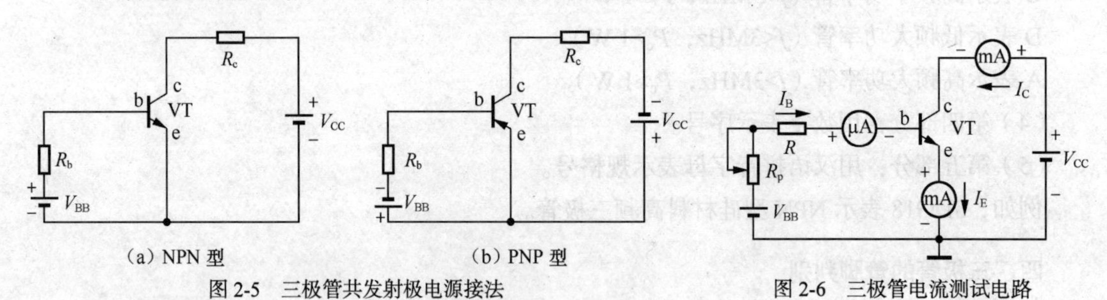

图 2-5　三极管共发射极电源接法　　图 2-6　三极管电流测试电路

调节电位器，测得发射极电流、基极电流和集电极电流的对应数据如表 2-1 所示。

表 2-1　测得电流数据

次　数	1	2	3	4	5	6	7
I_B/mA	-0.001	0	0.01	0.02	0.03	0.04	0.05
I_C/mA	0.001	0.01	0.56	1.14	1.74	2.33	2.91
I_E/mA	0	0.01	0.57	1.16	1.77	2.37	2.96

由表 2-1 中实验数据可以看出，三极管中电流的分配关系和电流放大作用。

（1）直流电流分配关系。发射极电流等于集电极电流与基极电流之和，即

$$I_E=I_C+I_B$$

因 I_B 很小，可认为发射极电流近似等于集电极电流，即

$$I_E \approx I_C$$

（2）电流放大作用。分析表中数据可以看出，当基极电流 I_B 由 0.02 mA 变化到 0.03 mA 时，集电极电流 I_C 由 1.14 mA 变化到 1.74 mA。这两个变化量的比为

$$\frac{\Delta I_C}{\Delta I_B}=\frac{1.74-1.14}{0.03-0.02}=\frac{0.6}{0.01}=60$$

由此可见，当基极电流有微小变化时，能引起集电极电流较大的变化，这就是三极管的电流放大作用。通常把上述比值称为三极管的共发射极交流电流放大系数，用字母 β 表示，即

$$\beta=\frac{\Delta I_C}{\Delta I_B}$$

不同的三极管，β 值不同，即电流放大能力不同。

三极管的集电极电流和基极电流的比值也可表明三极管的电流放大能力，这个比值用 $\bar{\beta}$ 表示，称为直流电流放大系数，即

$$\bar{\beta}=\frac{I_C}{I_B}$$

对于性能良好的三极管，$\bar{\beta}=\beta$，因便于测量，在应用时可用 β 的数据作为 $\bar{\beta}$ 的数据。

七、三极管的伏安特性

三极管各电极间的电压和电流之间的关系称为三极管的伏安特性，可用曲线直观地表示出来。图 2-7 所示为三极管的输入特性曲线和输出特性曲线。

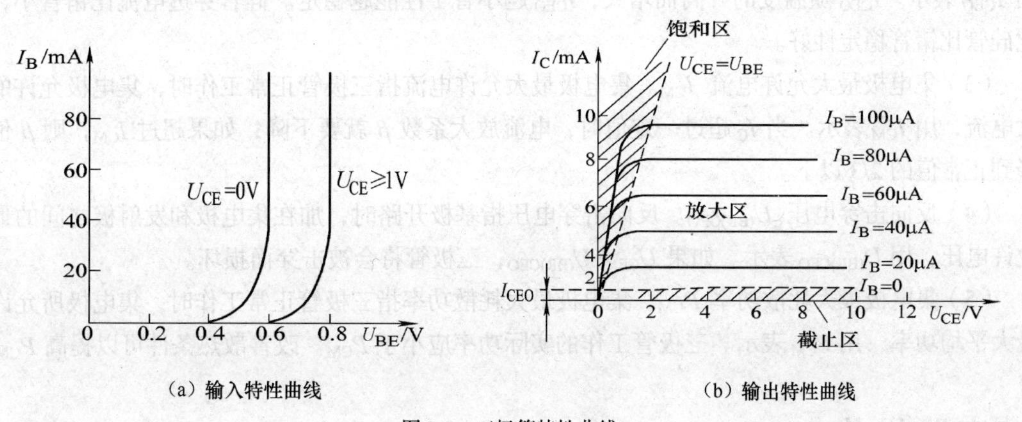

（a）输入特性曲线　　（b）输出特性曲线

图 2-7　三极管特性曲线

1. 输入特性曲线

当三极管集-射电压 U_{CE} 一定时，基极电流 I_B 随基-射电压 U_{BE} 变化的关系曲线，如图 2-7（a）所示。

由于发射结正向偏置，所以三极管的输入特性曲线与二极管的正向特性曲线相似。当 U_{BE} 小于死区电压时，I_B=0，三极管截止；当 U_{BE} 大于死区电压时才有基极电流 I_B，三极管导通。三极管导通后发射结正向压降 U_{BE} 几乎不变，硅管为 0.6～0.7 V，锗管为 0.2～0.3 V，这是判断三极管是否工作在放大状态的依据。

2. 输出特性曲线

当三极管基极电流 I_B 一定时，输出端集电极电流 I_C 与集-射电压 U_{CE} 的关系曲线。取不同的 I_B，会得到不同的曲线，因此三极管的输出特性曲线是一个曲线族，如图 2-7（b）所示。

通常把输出特性曲线分成 3 个区来分析三极管的输出工作特性。

（1）截止区。在 $I_B=0$ 这条曲线以下的区域称为截止区，此时 U_{BE} 低于死区电压，$I_B=0$，三极管无放大作用，$I_C\approx0$，因此，集电极和发射极之间相当于开关断开，c、e 间呈高阻，此时 $U_{CE}\approx V_{CC}$。

三极管处于截止状态的条件是：发射极反偏（或零偏），集电结反偏。

（2）饱和区。输出特性曲线起始部分左边的区域称为饱和区。当 $U_{CE}<1$ V 左右时，I_C 随 U_{CE} 的增加而迅速增加，当达到某一定值时不再增加，即达到饱和，I_C 不受 I_B 的控制，这时，三极管失去电流放大作用。三极管饱和时的管压降称为饱和压降，用 U_{CES} 表示。U_{CES} 很小，集电结和发射结之间相当于开关闭合，c、e 间呈低阻。

三极管处于饱和状态的条件是：集电结和发射结都处于正向偏置状态。

（3）放大区。特性曲线是一组略有上升的等距平行直线，这部分区域称为放大区。在放大区三极管具有放大特性：I_C 受 I_B 的控制，$I_C=\beta I_B$。

三极管工作在放大状态的条件是：发射结正偏，集电结反偏。

根据三极管工作时各个电极的电位高低，就能判别三极管的工作状态，因此，电子维修人员在维修过程中，经常要拿多用电表测量三极管各脚的电压，从而判别三极管的工作情况和工作状态。

八、三极管的主要参数

（1）电流放大系数。通常三极管的电流放大系数 β 值在 20～200 之间。β 值太小时，放大能力差；β 值太大时，工作性能不稳定。最常用的 β 值在 60～100 之间。

（2）穿透电流 I_{CEO}。基极开路（$I_B=0$）时，集电极和发射极之间的反向电流称为穿透电流，用 I_{CEO} 表示。I_{CEO} 随温度的升高而增大，I_{CEO} 越小管子性能越稳定。硅管穿透电流比锗管小，因此硅管比锗管稳定性好。

（3）集电极最大允许电流 I_{CM}。集电极最大允许电流指三极管正常工作时，集电极允许的最大电流，用 I_{CM} 表示。当 I_C 超过一定值时，电流放大系数 β 就要下降；如果超过 I_{CM}，则 β 值下降到正常值的 2/3 以下。

（4）反向击穿电压 $U_{(BR)CEO}$。反向击穿电压指基极开路时，加在集电极和发射极之间的最大允许电压，用 $U_{(BR)CEO}$ 表示。如果 $U_{CE}>U_{(BR)CEO}$，三极管将会被击穿而损坏。

（5）集电极最大耗散功率 P_{CM}。集电极最大耗散功率指三极管正常工作时，集电极所允许的最大平均功率，用 P_{CM} 表示。三极管工作的实际功率应小于 P_{CM}。改善散热条件可以提高 P_{CM}。

实践操作

三极管的认识与检测

（1）辨别几种型号的三极管（实物、图片都可以）。正确挑选小功率三极管、中功率三极管和大功率三极管。

（2）三极管的检测。

① 利用万用表欧姆挡对给定的三极管进行检测，并判别三极管的管型和管脚。

② 将检测结果填入技能实训报告中。记录被检测三极管的 b、e 脚和 b、c 脚间的正线电阻与反向电阻，并根据测试结果区分三极管的类型、管脚。

（3）通电试验。线路检查无误后，通电试灯。

（4）最后，请注意清洁工位，放好工具。

技能考核

请将三极管的认识与检测技能训练实训评分填入下表中。

技能考核表

序号	项目	考核要求	配分	评分标准	得分
1	按要求挑选三极管	能正确挑选	30	元件漏选或错误，每处扣 10 分	
2	用万用表判别三极管管脚	（1）正确使用万用表 （2）测量步骤完整 （3）不损坏器件	25	（1）没有正确使用万用表扣 5 分 （2）管脚判别不正确扣 10 分 （3）损坏器件扣 10 分	
3	用万用表检测三极管质量	（1）正确使用万用表 （2）测量步骤完整 （3）不损坏器件	25	（1）没有正确使用万用表扣 5 分 （2）质量检测不准确扣 10 分 （3）损坏器件扣 10 分	
安全文明操作	违反安全文明操作规程（视实际情况进行扣分）				
额定时间	每超过 5 min 扣 5 分			得分	

学习评价

三极管的认识与检测活动评价表

项目内容	要求	评定			
		自评	组评	师评	总评
能正确使用工具完成任务（10 分）	A. 很好　B. 一般　C. 不理想				
能看懂技术要领链接中的操作说明（20 分）	A. 能　B. 有点模糊　C. 不能				
能按正确的操作步骤完成检测任务（30 分）	A. 能　B. 基本能　C. 不能				
能独立完成实训报告的填写（10 分）	A. 能　B. 基本能　C. 不能				
能请教别人、参与讨论并解决问题（10 分）	A. 很好　B. 一般　C. 没有				
上进心、责任心（协作能力、团队精神）的评价（20 分）	个人情感能力在活动中起到的作用： A. 很大　B. 不大　C. 没起到				
合计					

学生在任务完成过程中遇到的问题	
问题记录	1.
	2.
	3.

知识拓展

国外三极管的命名方法

1. 日本半导体器件型号命名法的特点

（1）型号中的第一部分是数字，表示器件的类型和有效电极数。例如：用“1”表示二极管，用“2”表示三极管。而屏蔽用的接地电极不是有效电极。

（2）第二部分均为字母 S，表示日本电子工业协会注册产品，而不表示材料和极性。

（3）第三部分表示极性和类型。例如：用 A 表示 PNP 型高频管，用 J 表示 P 沟道场效应三极管。但是，第三部分既不表示材料，也不表示功率的大小。

（4）第四部分只表示在日本工业协会（EIAJ）注册登记的顺序号，并不反映器件的性能，顺序号相邻的两个器件的某一性能可能相差很远。例如：2SC2680 型的最大额定耗散功率为 200 mW，而 2SC2681 的最大额定耗散功率为 100 W。但是，登记顺序号能反映产品时间的先后。登记顺序号的数字越大，越是近期产品。

（5）第五、六两部分的符号和意义各公司不完全相同。

（6）日本有些半导体分立器件的外壳上标记的型号，常采用简化标记的方法，即把 2S 省略。例如，2SD764 简化为 D764，2SC502A 简化为 C502A。

2SA495 型号含义如下。

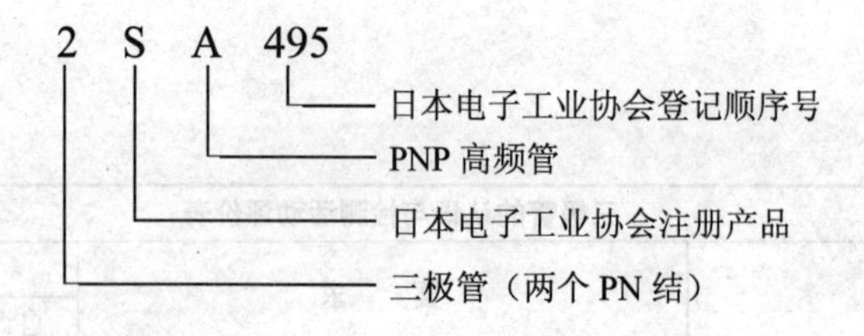

2. 美国晶体管型号命名法的特点

（1）型号命名法规定较早，又未作过改进，型号内容很不完备。例如，对于材料、极性、主要特性和类型，在型号中不能反映出来。例如，2N 开头的即可能是一般晶体管，也可能是场效应管。因此，仍有一些厂家按自己规定的型号命名法命名。

（2）组成型号的第一部分是前缀，第五部分是后缀，中间的三部分为型号的基本部分。

（3）除去前缀以外，凡是型号以 1N、2N 或 3N…开头的晶体管分立器件，大都是美国制造的，或按美国专利在其他国家制造的产品。

（4）第四部分数字只表示登记序号，而不含其他意义。因此，序号相邻的两器件可能特性相差很大。例如，2N3464 为硅 NPN 高频大功率管，而 2N3465 为 N 沟道场效应管。

（5）不同厂家生产的性能基本一致的器件，都使用同一个登记号。同一型号中某些参数的差异常用后缀字母表示，因此，型号相同的器件可以通用。

（6）登记序号数大的通常是近期产品。JAN2N3251A 和 JAN2N2904 型号含义如下。

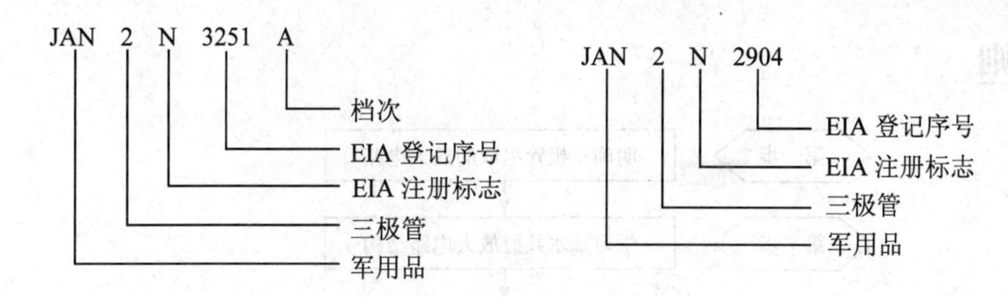

任务二 基本放大电路的分析及运用

知识目标

- 熟悉基本放大电路原理图
- 理解共射放大电路的结构和工作原理
- 掌握分压式偏置稳定放大电路的结构和稳定静态工作点的原理
- 理解温度对放大器静态工作点的影响
- 会画直流通路和交流通路

技能目标

- 能识读基本放大电路图
- 能熟练画出共射放大电路的原理图
- 能熟练画出分压式偏置稳定放大电路的原理图

工作任务

放大电路实际上是以小信号控制放大电路的工作，使它能输出幅度较大的、与小信号变化规律完全相同的信号，各种电子设备中都有放大电路，如图 2-8 所示。

图 2-8 各种设备中都有放大电路

你想知道什么是放大电路、放大电路是怎样工作的吗？一起来学一学，做一做吧。

实施细则

相关知识

一、放大电路的基本概念和组态

1. 放大电路的基本概念

能把微弱的电信号（电压、电流）进行放大变成较强电信号的电路，称为放大电路。扩音机就是放大电路的一个最典型应用，如图 2-9 所示。

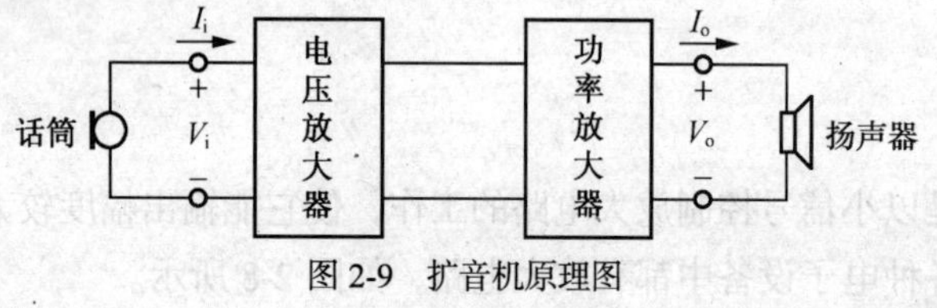

图 2-9　扩音机原理图

2. 放大电路的组态

三极管有 3 个电极，接成放大电路时，根据输入回路和输出回路公共端的不同，放大电路便有 3 种基本接法。分别是共发射极放大电路、共集电极和共基极放大电路 3 种，如图 2-10 所示。其中，共集电路用于电流放大（功率放大），共基电路用于高频放大，共射电路用于低频放大。这次任务是学习共射放大电路。

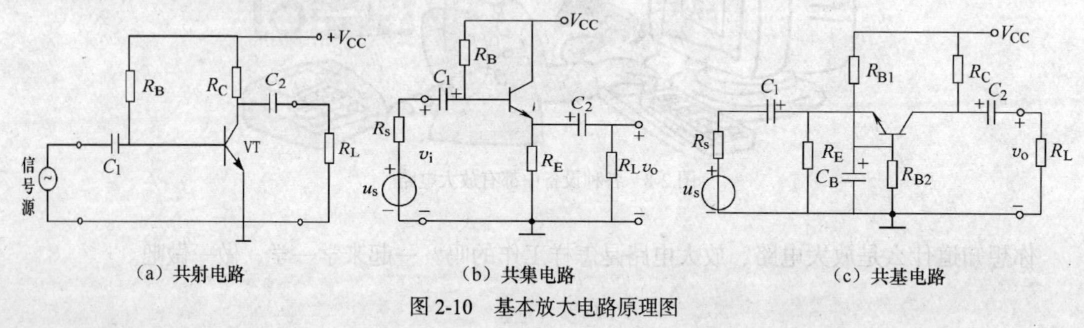

图 2-10　基本放大电路原理图

3. 基本共射放大电路的组成

三极管基本放大电路如图 2-11 所示。外加信号从基极和发射极输入。信号经放大后由集电极和发射极输出。电路中各元器件的作用如下。

（1）VT——三极管，工作在放大状态，起电流放大作用，是放大器的核心元件。

（2）V_{CC}——放大电路直流电源，给三极管提供偏置电压（发射结正向偏压，集电结反向偏压），同时为输出信号提供能量。

（3）R_b——基极偏置电阻，电源 V_{CC} 通过 R_b 向基极提供合适的偏置电流 I_B。R_b 的取值一般是几十千欧至几百千欧。

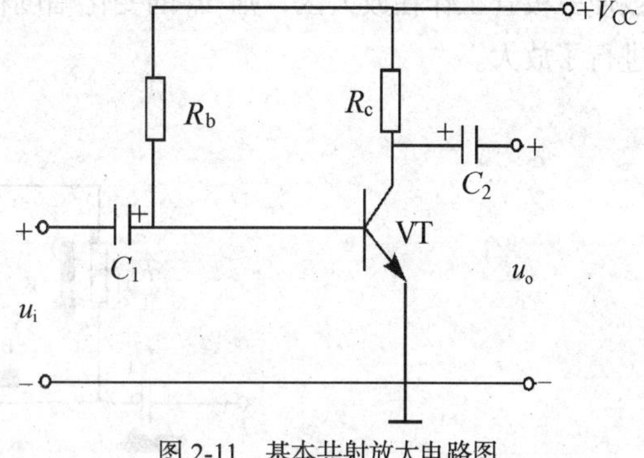

图 2-11　基本共射放大电路图

（4）R_c——集电极偏置电阻，将集电极电流的变化，转化成集-射之间的电压的变化，这个变化的电压，就是放大器的输出信号电压。即 R_c 通过把三极管的电流放大作用转换成电压放大作用。R_b 的取值一般是几百欧至几千欧。

（5）C_1、C_2——分别为输入和输出信号耦合电容。它们能使交流信号顺利通过，同时隔断信号源与输入端之间、三极管集电极与负载之间的直流通路，避免其相互影响而改变各自的工作状态。C_1、C_2 常选用容量较大的电解电容。

4. 温度对静态工作点的影响

（1）静态与静态工作点。图 2-11 所示为放大电路的直流电源 V_{CC} 在无信号输入时，通过 R_b 提供发射结正偏电压 U_{BE}。U_{BE} 在输入回路产生基极电流 I_B，经三极管电流放大作用产生集电极电流 I_C，I_C 流经管子时产生集电极电压 U_{CE}。这些参数都是在无输入信号状态下产生的直流量，它们决定了放大器的直流工作状态。放大器无信号输入时的直流工作状态称为静态。由这些电流电压参数在三极管输入输出特性曲线族上所决定的点称为静态工作点，用 Q 表示。一般描述静态工作点的量用 U_{BEQ}、I_{BQ}、I_{CQ} 和 U_{CEQ} 表示。

一个放大器的静态工作点的设置是否合适，是放大器能否正常工作的重要条件。

（2）温度对静态工作点的影响。实践证明放大电路即使有了合适的静态工作点，在外部因素的影响下，例如温度变化、电源电压的波动等，都将引起静态工作点的偏移，由此产生非线性失真，严重时，放大电路不能正常工作。在外部因素中，对静态工作点影响最大的是温度变化。

因为三极管是一个温度敏感器件，当温度变化时，其特性参数（β、I_{CBO}、I_{CEO}、U_{BE}）的变化比较显著。实验证明：温度每升高 1℃，β 增大 0.1%左右，发射结压降 U_{BE} 减小 2～2.5 mV，温度每升高 10℃，I_{CBO} 约增加一倍。三极管参数随温度的变化，必然导致放大电路静态工作点发生漂移，这种漂移称为温漂。

以基本放大电路为例，当温度 t 升高时，$U_{BE}\downarrow$、静态电流 $I_B\uparrow$、$\beta\uparrow$，则 $I_C\uparrow$。可见，无论是 U_{BE} 减小，还是 β、I_{CBO} 增大，都使 I_C 增大，从而使 Q 点向饱和区移动。因此，温度影响静态工作点 Q 的稳定性。Q 移动，将使输出波形出现非线性失真，影响了放大电路的放大性能。

5. 放大电路的工作原理

在图 2-12 所示的放大电路中，设输入信号电压 u_i 从基极和发射极之间输入，被放大的信号从集电极与发射极之间输出。耦合电容 C_1 对交流信号相当于短路。变化的 u_i 将产生变化的基极电流

i_b，使基极总电流 $i_B=I_{BQ}+i_b$ 发生变化，集电极电流 $i_C=I_{CQ}+i_c$ 将随之变化，并在集电极电阻 R_C 上产生电压降 i_CR_C，使放大器的集电极电压 $u_{CE}=V_{CC}-i_CR_C$，通过 C_2 耦合，输出电压 u_o。只要电路参数使三极管工作在放大区，则 u_o 的变化幅度将比 u_i 变化幅度大很多倍。由此说明该放大器对 u_i 进行了放大。

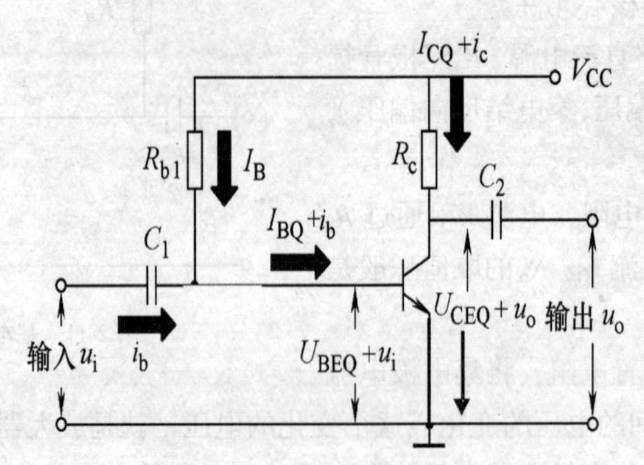

图 2-12　基本放大电路对正弦信号的放大

由于电路中基极电流、集电极电流、基射极之间的电压、集电极与发射极间的总电压都是直流成分和交流成分的叠加，因此，可以画出放大器输入正弦电压 u_i 和三极管各电极电流电压波形，如图 2-13 所示。

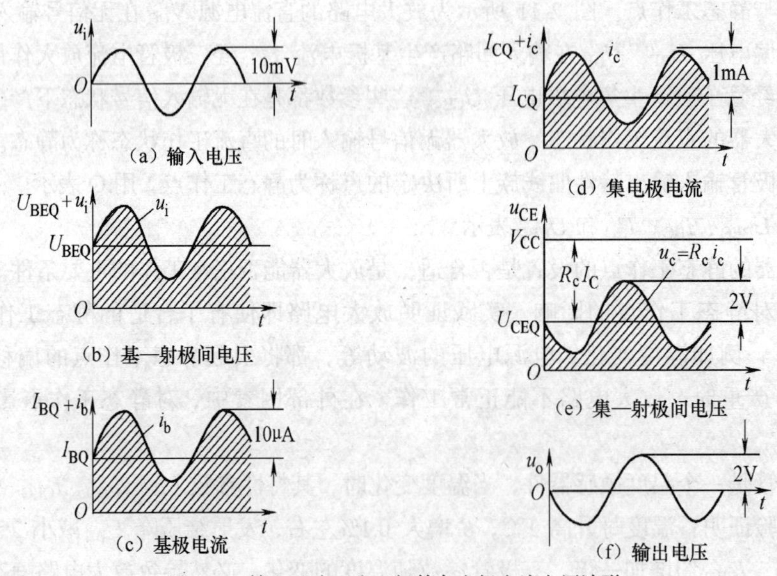

图 2-13　输入正弦 u_i 和三极管各电极电流电压波形

从图 2-13 中可以看出，输入信号 u_i、基极电流 i_b、集电极电流 i_c 三者电位相同，而输出电压 u_o 则与 u_i 的相位相反。故又称这种共射单管放大电路为反相器。

6. 直流通路和交流通路

以上分析的放大信号中，既有直流成分又有交流成分。为分析方便，常将直流静态量和交流动态量分开来研究。这涉及将放大器分别画成直流通路和交流通路的问题。

（1）直流通路的画法。直流通路即将交流信号视为零，直流信号所流经的通路。画直流通路时，将电容视为开路，其他不变。基本放大电路的直流通路如图 2-14（a）所示。它主要用于分析放大电路的静态工作点。

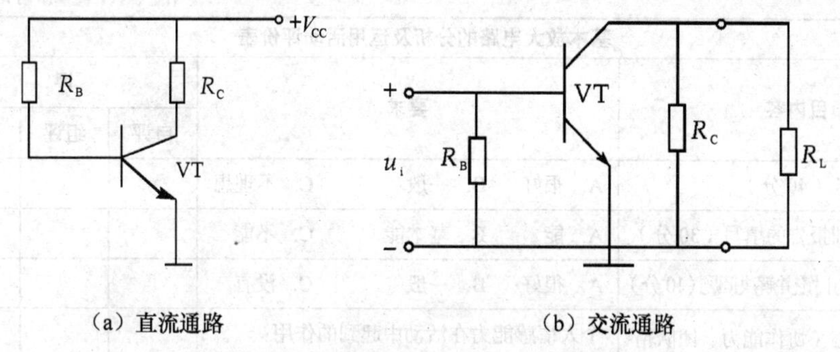

（a）直流通路　　（b）交流通路

图 2-14　直流通路和交流通路电路原理图

（2）交流通路。交流通路即交流信号所流经的通路。画交流通路时，将容量较大的电容和直流电源均为短路，其他器件照画。基本放大电路的直流通路如图 2-14（b）所示。

实践操作

基本放大电路的分析及运用

（1）出示几个放大电路原理图。正确区分三极管的 3 种组态，并指明各类放大电路的主要应用。

（2）画出固定式偏置放大电路的原理图。要求：用时少，用正确的图形符号和文字符号表示对应的元器件。各元器件布局合理，图形美观。

技能考核

请将基本放大电路的分析及运用技能训练实训评分填入下表中。

序号	项　目	考核要求	配分	评分标准	得分
1	区分三极管的组态	能正确区分	15	每出现一处错误扣 5 分	
2	画固定式偏置放大电路的原理图	（1）用时少 （2）符号正确 （3）布局合理 （4）图形美观	40	（1）图形符号和文字符号错误或遗漏每处扣 5 分 （2）图形布局及美观可视情况酌情扣分	
3	画分压式偏置稳定放大电路的原理图	（1）用时少 （2）符号正确 （3）布局合理 （4）图形美观	40	（1）图形符号和文字符号错误或遗漏每处扣 5 分 （2）图形布局及美观可视情况酌情扣分	
额定时间	每超过 5 min 扣 5 分			得分	

学习评价

基本放大电路的分析及运用活动评价表

项目内容	要求	评定			
		自评	组评	师评	总评
能正确完成任务（40分）	A. 很好　B. 一般　C. 不理想				
能独立完成实训报告的填写（30分）	A. 能　B. 基本能　C. 不能				
能请教别人、参与讨论并解决问题（10分）	A. 很好　B. 一般　C. 没有				
上进心、责任心（协作能力、团队精神）的评价（20分）	个人情感能力在活动中起到的作用： A. 很大　B. 不大　C. 没起到				
合　计					
学生在任务完成过程中遇到的问题					
问题记录	1.				
	2.				
	3.				
	4.				

任务三　分压式偏置稳定放大器的制作

知识目标

- ◎ 掌握分压式偏置放大电路的安装及调试
- ◎ 掌握分压式放大电路的静态工作点的测量
- ◎ 熟悉示波器的使用及用示波器观察放大器的输入输出波形
- ◎ 理解放大器故障的分析及排除方法

技能目标

- ◎ 能组装分压式偏置放大电路和调试
- ◎ 能用电压表、电流表测试静态工作点
- ◎ 能用示波器观察放大器的输入输出波形
- ◎ 能排除电路常见故障
- ◎ 能按照安全规范标准进行规范操作

工作任务

分压式偏置放大电路是一个常用放大电路，利用电路的结构能稳定放大电路的静态工作点。

想知道这种放大电路是怎样组装起来的吗？如何测量电路的静态工作点？怎样才能知道电路正常放大？出现故障如何排除？一起来学一学，做一做吧。

实施细则

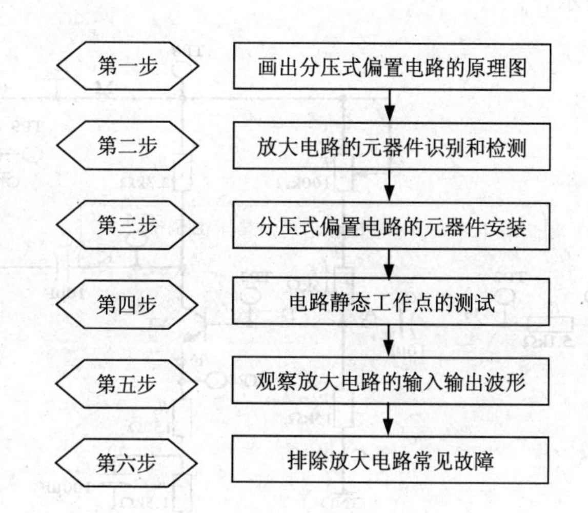

相关知识

1. 分压式偏置放大电路结构

分压式偏置共射放大电路如图 2-15 所示。

与基本共射放大电路相比，增加了 R_{b1}、R_{b2}、C_e 3 个元件，它们的作用是：R_{b1}、R_{b2} 分别为上、下偏置电阻，V_{CC} 通过 R_{b1} 和 R_{b2} 分压后，为三极管 VT 提供基极偏置电压。三极管的基极电位固定（$V_{BQ} \approx \frac{R_{b2}}{R_{b1}+R_{b2}}V_{CC}$）；$R_e$ 为发射极电阻，起到稳定静态点作用；C_e 为射极旁路电容，由于 C_e 容量较大，对交流信号而言相当于短路，从而减小电阻 R_e 对交流信号放大能力的影响。

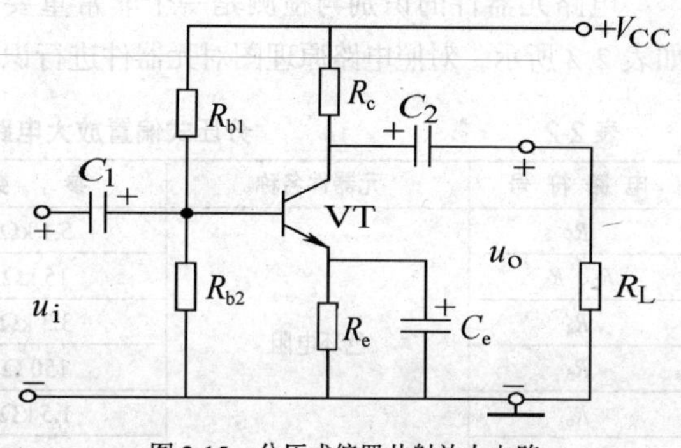

图 2-15　分压式偏置共射放大电路

2. 分压式偏置放大电路工作原理

温度变化时，三极管的 I_{CBO}、β、U_{BEQ} 等参数将发生变化，导致工作点偏移。实验证明，温度升高时，三极管穿透电流 $I_{CEO}=(1+\beta)I_{CBO}$ 将大幅度增加，使 I_{CQ} 增大。分压式偏置放大电路能使 I_{CQ} 的增大受到抑制，自动稳定静态工作点。

$$U_{BEQ}=V_{BQ}-V_{EQ}，I_{EQ}=I_{BQ}+I_{CQ}\approx I_{CQ}$$

当温度升高时，I_{CQ} 将增大，则 I_{EQ} 流经 R_e 产生的电压 V_{EQ} 随之增加，因 V_{BQ} 是一个稳定值，因而 $U_{BEQ}=V_{BQ}-V_{EQ}$ 将减小。根据三极管输入特性，基极电流 I_{BQ} 减小，I_{CQ} 亦必然减小，使工作点恢复到原有状态。

上述稳定工作点的过程可表示为：T（温度）$\uparrow \rightarrow I_{CQ}\uparrow \rightarrow I_{EQ}\uparrow \rightarrow V_{EQ}\uparrow \rightarrow U_{BEQ}\downarrow \rightarrow I_{BQ}\downarrow \rightarrow I_{CQ}\downarrow$

实践操作

一、分压式偏置放大电路的原理图绘制

原理图如图 2-16 所示。

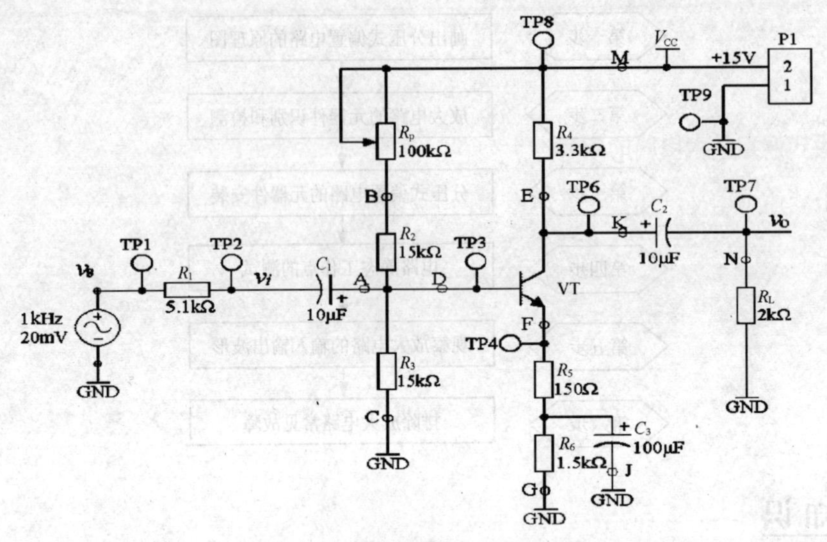

图 2-16　分压式偏置放大电路的原理图

二、分压式偏置放大电路元器件的识别

电路元器件的识别与检测是一个非常重要的环节。分压式偏置放大电路所包含的元器件如表 2-2 所示，对照电路原理图对元器件进行识别，并了解它们在电路中的作用。

表 2-2　　分压式偏置放大电路元器件识别与检测

电路符号	元器件名称	参　数	检测结果
R_1	色环电阻	5.1 kΩ	实测值：
R_2、R_3		15 kΩ	实测值：
R_4		3.3 kΩ	实测值：
R_5		150 Ω	实测值：
R_6		1.5 kΩ	实测值：
R_L		2 kΩ	实测值：
R_P	电位器	100 kΩ	实测值：
			质量：
C_1、C_2	电解电容器	10 μF	正负极性：
			质量：
C_3		100 μF	正负极性：
			质量：
VT	三极管	9013	类型：
			管脚排列：
			质量：
P1	接线端子	两端子	
	印制电路板		

三、分压式偏置放大电路元器件的检测

对应表 2-2 逐一进行检测，同时把检测结果填入表中。检测方法如下。

（1）色环电阻。主要识别其标称阻值，并用万用表测量其实际阻值。

（2）电容器。电解电容器会识别判断其正负极性，并用万用表检测质量的好坏；瓷片电容器要会识读其标称容量，并判断质量的好坏。

（3）三极管。识别其类型与管脚的排列，并用万用表检测其质量的好坏。

（4）电位器。用万用表测量其标称阻值，并检验其质量的好坏。

四、分压式偏置放大电路的安装

（1）按电路原理图的结构在单孔电路板图上绘制电路元器件的布局草图。

（2）按工艺要求对元器件的引脚进行成形加工。

（3）按布局图在实验电路板上以此进行元器件的排列、插装。

（4）按焊接工艺要求对元器件进行焊接，直到所有元器件连接并焊完为止。

（5）焊接电源输入线和信号输入、输出端子。

五、分压式偏置放大电路静态工作点的测试

元器件焊接完后，按照电路板示意图 2-17 将电路板上的断口 A、B、C、D、E、F、G、J、M、K 点用焊锡焊连，注意 H 点不能连接。

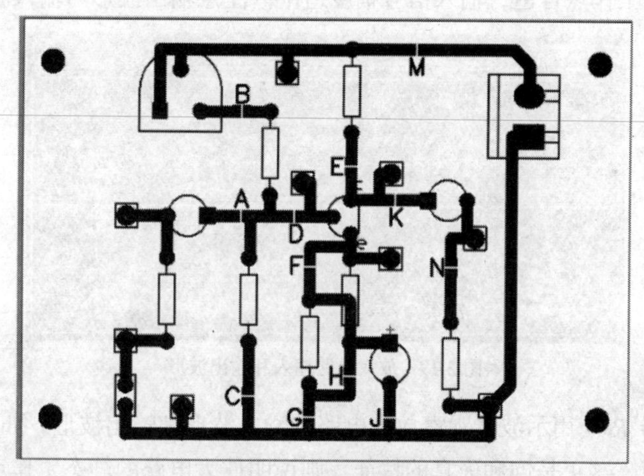

图 2-17　电路板示意图

电路焊接好后，检查无误，可接通+15 V 电源，进行电路测试。

（1）调整 R_P，使三极管发射极电位（对地，下同）为 3 V ± 0.1 V。

（2）测量三极管的基极电位 V_B、集电极电位 V_C 和发射结电压 U_{BE}。

（3）断开 D 点，用电流表测量三极管基极静态电流 I_B。短接 D 点。

（4）断开 E 点，用电流表测量三极管集电极静态电流 I_C。短接 E 点。

（5）断开 F 点，用电流表测量三极管发射极静态电流 I_E。短接 F 点。

（6）将上述测量数据填入表 2-3 中。

表 2-3　　静态工作点测量记录

电压（V）		电流（mA）	
V_B		I_B	
V_C		I_C	
U_{BE}		I_E	

六、分压式偏置放大电路输入输出波形的观察

按图 2-18 所示将电路与测量仪器相连接。

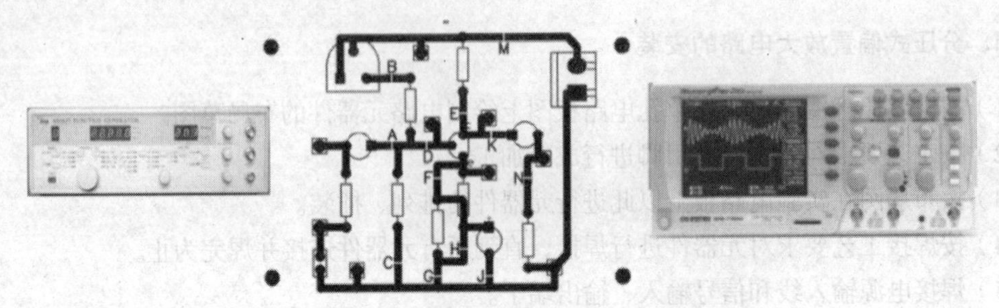

图 2-18　电路板与测量仪器连接示意图

调节信号发生器，使其输出频率为 1 kHz、幅值为 10 mV 的正弦波，并将其加到放大器的输入端，作为被测电路的信号源 V_s。用示波器分别接到输入和输出端观察输入和输出波形。

（1）进行适当调节后，用示波器观察输入波形和输出波形，如图 2-19 所示，则电路正常放大，说明放大电路的静态工作点合适，输入信号幅度适中。注意输出波形与输入波形的相位关系。

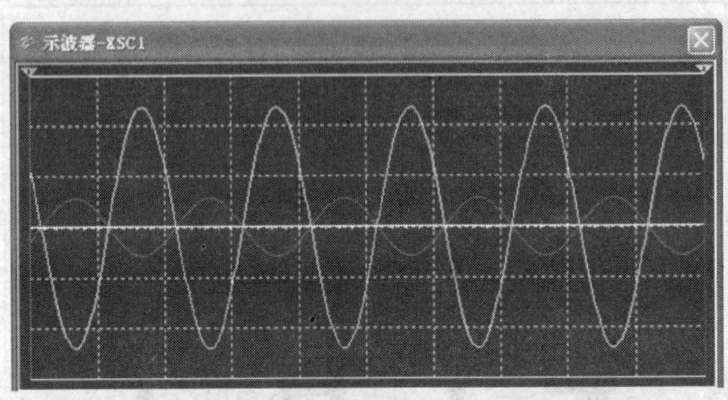

图 2-19　放大电路输入和输出波形

（2）调节电位器 R_P。用示波器观察放大电路的输入波形和输出波形，如图 2-20 所示。输出电压波形底部被削掉，这正是饱和失真的特征，则说明放大电路的静态工作点偏高。

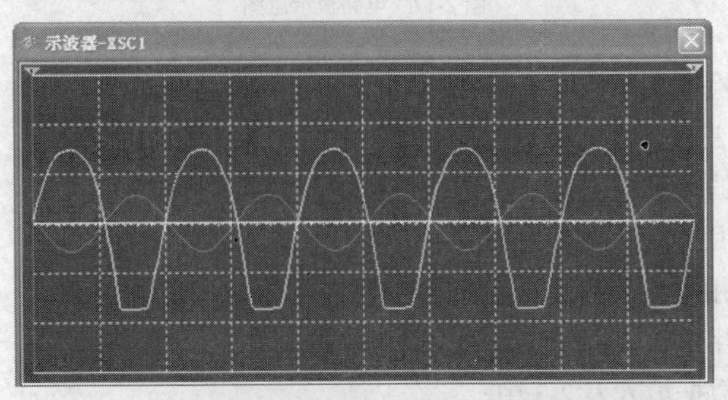

图 2-20　波形失真

七、放大电路的常见故障

可能出现的故障情况如下。

（1）无信号输出故障。

① 首先排除信号源、示波器、探头与连线的故障。

② 测量放大电路直流供电电压，若不正常，则检测直流供电电源与连线。

③ 测量三极管各电极的工作电压。由测量到的电压值来判断故障部位。

（2）输出信号产生非线性失真故障。测量三极管各电极的工作电压，判断三极管是否工作在放大区，一般可通过调整偏置电阻的阻值或更换三极管来解决；利用示波器观察放大器的输出波形，通过波形来判断波形失真的原因，可主要检查电容器是否漏电等。

（3）其他故障见表 2-4。

表 2-4　其他故障

故　障	故 障 现 象
R_2开路	$U_B≈0$，$I_B≈0$，VT 截止，输出信号严重失真
R_3开路	I_B上升，I_C上升，VT 饱和，信号负半轴被切割
R_4开路	$U_C≈0$，无输出信号
R_5或R_6开路	I_C=0，U_C= V_{CC}，无输出信号
C_1开路	工作点正常，无信号输出，C_1左端有信号，右端无信号
C_2开路	工作点正常，无信号输出，C_2左端有信号，右端无信号
C_3开路	放大倍数（增益）明显下降，输出幅度下降
集电结开路	U_C= V_{CC}，无输出信号
集电结短路	U_C= U_B，输出信号与输入信号近似相等，相位相同
发射结开路	$U_E≈0$，U_C上升，U_C= V_{CC}，无输出信号
发射结击穿短路	$U_{BE}≈0$，U_C上升，U_C= V_{CC}，无输出信号

八、分压式偏置稳定放大器制作的步骤和检测

（1）固定元器件。将元器件固定在电路板（见图 2-21）上，要求元器件安装牢固，并符合工艺要求。

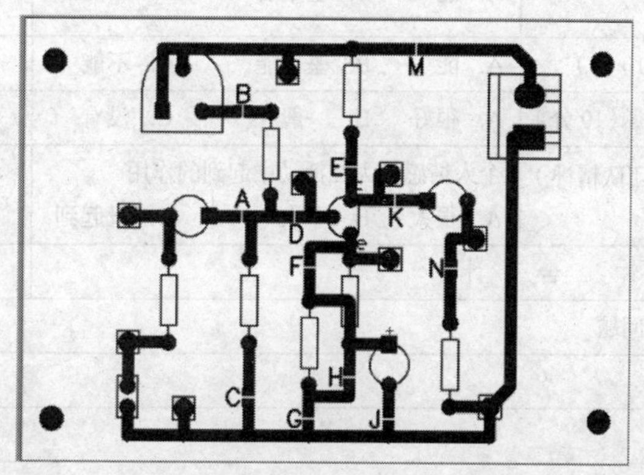

图 2-21　电路板

（2）焊接。按焊接工艺要求焊接。

（3）通电试验。电路检查无误后，接通电源进行测量和波形观察。

（4）电路静态工作点的测量，并将检测结果填入技能实训报告中。

（5）用示波器观察放大电路的输入输出波形。根据输出波形判断电路的工作情况。

（6）最后，请注意清洁工位，放好工具。

技能考核

请将分压式偏置稳定放大器安装技能训练实训评分填入下表中。

序号	项目	考核要求	配分	评分标准	得分
1	装前检查	正确检查元器件	10	电气元件漏检或错误，每处扣1分	
2	安装器件	（1）按要求正确安装器件 （2）器件安装牢固，整齐合理 （3）不损坏器件	25	（1）不按要求正确安装扣15分 （2）器件安装不牢固，每处扣4分 （3）器件安装不整齐、不匀称、不合理每只扣3分 （4）损坏器件扣15分	
3	焊接	（1）按电路图正确焊接 （2）焊点要好	25	（1）不按电路图焊接扣25分 （2）不好的焊点每处扣1分 （3）漏焊、搭焊等，每处扣1分	
4	通电测量Q	测量正确	10	每漏测一个量扣2分	
5	观察波形	正确使用信号发生器和示波器	20	通电调试波形不成功扣20分	
安全文明操作		违反安全文明操作规程（视实际情况进行扣分）			
额定时间		每超过5min扣5分		得分	

学习评价

分压式偏置稳定放大器安装活动评价表

项目内容	要求	评定			
		自评	组评	师评	总评
能正确使用工具完成任务（30分）	A. 很好　B. 一般　C. 不理想				
能按正确的操作步骤完成放大器的安装（30分）	A. 能　B. 基本能　C. 不能				
能独立完成实训报告的填写（10分）	A. 能　B. 基本能　C. 不能				
能请教别人、参与讨论并解决问题（10分）	A. 很好　B. 一般　C. 没有				
上进心、责任心（协作能力、团队精神）的评价（20分）	个人情感能力在活动中起到的作用 A. 很大　B. 不大　C. 没起到				
合　计					

学生在任务完成过程中遇到的问题	
问题记录	1.
	2.
	3.
	4.

知识拓展

1. 元器件安装要求

（1）色环电阻采用水平安装，应紧贴电路板，色环朝向一致。

（2）电解电容器采用立式安装，注意极性，电容器底部尽量贴紧印制电路板。

（3）三极管采用直排式安装。

元器件的排列与布局以合理、美观为标准，同时应充分考虑到焊接面不可出现跳线，尽可能从元器件的跨度中通过。安装于焊接按电子工艺要求进行，但在焊接中，注意电解电容器的正负极性及三极管 e、b、c 3 个引脚的排列顺序。

2. 信号发生器

信号发生器，是用来产生正弦信号、方波信号、三角波信号以及其他各种不同波形和频率信号的仪器，如图 2-22 所示。

图 2-22　信号发生器

3. 示波器

示波器是用来测量和显示被测电压波形的仪器。利用示波器可以直接看到被测信号的波形幅值、周期、频率、脉冲宽度及相位等参数，如图 2-23 所示。

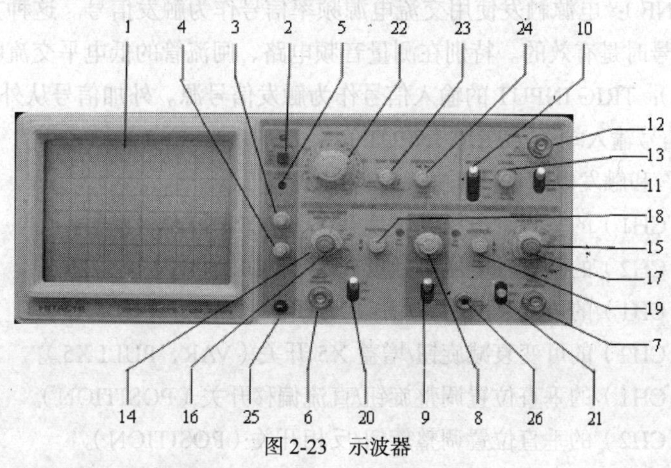

图 2-23　示波器

V-252 型双踪示波器面板图说明如下。

（1）荧光屏。是示波管的显示部分。

（2）电源开关。按下开关，电源指示灯亮，表示电源接通。

（3）辉度旋钮。旋转此旋钮能改变光点和扫描线的亮度。顺时针旋转，亮度增大。

（4）聚焦旋钮。聚焦旋钮调节电子束截面大小，将扫描线聚焦成最清晰状态。

（5）辉线旋转旋钮。用此旋钮可使辉线旋转，进行校准。

（6）通道 1（CH1）的垂直放大器信号输入插座（CH1 INPUT）。当示波器工作在 X-Y 模式时作为 X 信号的输入端。

（7）通道 2（CH2）的垂直放大器信号输入插座（CH2 INPUT）。当示波器工作在 X-Y 模式时作为 Y 信号的输入端。

（8）垂直轴工作方式选择开关（MODE）。输入通道有 5 种选择方式：通道 1（CH1）、通道 2（CH2）、双通道交替显示方式（ALT）、双通道切换显示方式（CHOP）和叠加显示方式（ADD）。

CH1：选择通道 1，示波器仅显示通道 1 的信号。

CH2：选择通道 2，示波器仅显示通道 2 的信号。

ALT：选择双通道交替显示方式，示波器同时显示通道 1 和通道 2 信号。两路信号交替地显示。用较高的扫描速度观测 CH1 和 CH2 两路信号时，使用这种显示方式。

CHOP：选择双通道交替显示方式，示波器同时显示通道 1 信号和通道 2 信号。两路信号以约 250 Hz 的频率对两路信号进行切换，同时显示于屏幕。

ADD：选择两通道叠加方式，示波器显示两通道波形叠加后的波形。

（9）内部触发信号源选择开关（INT TRIG）。当 SOURCE 开关置于 INT 时，用此开关具体选择触发信号源。

（10）扫描方式选择开关（MODE）。

（11）触发信号源选择开关（SOURCE）。要使屏幕上显示稳定的波形，则需将被测信号本身或者与被测信号有一定时间关系的触发信号加到触发电路。触发源选择确定触发信号由何处供给。通常有 3 种触发源：内触发（INT）、电源触发（LINE）和外触发（EXT）。

内触发（INT）：内触发使用被测信号作为触发信号，是经常使用的一种触发方式。由于触发信号本身是被测信号的一部分，在屏幕上可以显示出非常稳定的波形。以通道 1 或通道 2 的输入信号作为触发信号源。

电源触发（LINE）：电源触发使用交流电源频率信号作为触发信号。这种方法在测量与交流电源频率有关的信号时是有效的。特别在测量音频电路、闸流管的低电平交流噪音时更为有效。

外触发（EXT）：TRIG INPUT 的输入信号作为触发信号源。外加信号从外触发输入端输入。

（12）外触发信号输入端子（TRIG INPUT）。

（13）触发电平/和触发极性选择开关（LEVEL）。

（14）通道 1（CH1）的垂直轴电压灵敏度开关（VOLTS/DIV）。

（15）通道 2（CH2）的垂直轴电压灵敏度开关（VOLTS/DIV）。

（16）通道 1（CH1）的可变衰减旋钮/增益 X5 开关（VAR，PULI X5）。

（17）通道 2（CH2）的可变衰减旋钮/增益 X5 开关（VAR，PULI X5）。

（18）通道 1（CH1）的垂直位置调整旋钮/直流偏移开关（POSITION）。

（19）通道 2（CH2）的垂直位置调整旋钮/反相开关（POSITION）。

（20）通道 1（CH1）垂直放大器输入耦合方式切换开关（AC-GND-DC）。

（21）通道 1（CH1）垂直放大器输入耦合方式切换开关（AC-GND-DC）。

（22）扫描速度切换开关（TIME/DIV）。

（23）扫描速度可变旋钮（SWP VAR）。

（24）水平位置旋钮/扫描扩展开关（POSITION）。

（25）探头校正信号的输出端子（CAL）。

（26）接地端子（GND）。

项目三

调光台灯电路的制作与调试

项目描述：调光台灯是我们最熟悉的家用电器，它为我们的生活带来了方便。那么，作为电子从业人员，应该怎么设计和制作调光台灯呢？调光台灯的原理图如图 3-1 所示。

通过本项目的理论学习和实践操作，同学们将掌握晶闸管和单结晶体管的工作原理，学会设计电路并完成调光台灯电路板的焊接与调试。

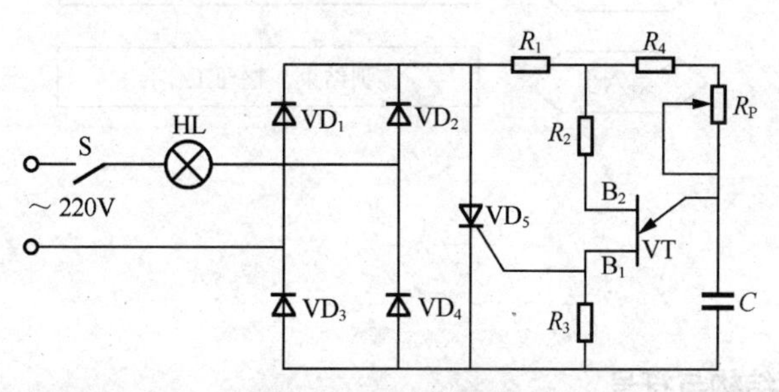

图 3-1　调光台灯原理图

知识目标

- 熟悉晶闸管的基本结构、工作原理、特性曲线和主要参数
- 掌握单相可控整流电路的可控原理和整流电压与电流的波形
- 熟悉单结晶体管及触发电路的工作原理
- 掌握调光台灯电路的原理

技能目标

- 能识别常用晶闸管，能对晶闸管进行简单的检测
- 能制作单结晶体管触发电路
- 能制作家用调光台灯
- 能用相关仪器仪表对调光电路进行调试与测量
- 能按照安全规范标准进行规范操作

为了调动学生的学习兴趣，提高职业能力，学校采购了一批电子元件，要求学生在教师指导下完成调光台灯电路板的制作。

实施细则

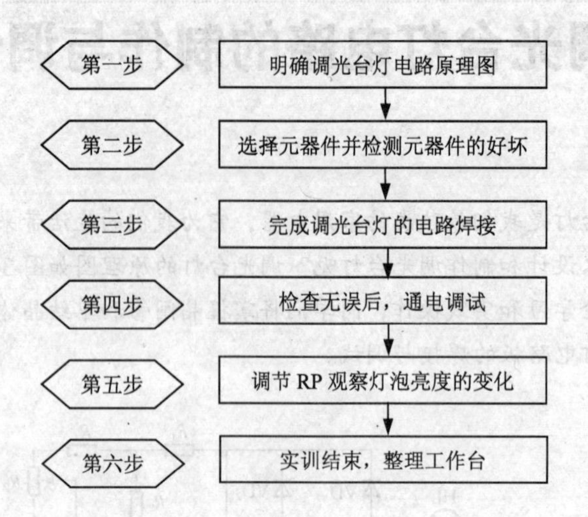

相关知识

一、单向晶闸管

1. 单向晶闸管的结构与符号

晶体闸流管又名可控硅，简称晶闸管，是在晶体管基础上发展起来的一种大功率半导体器件。它的出现使半导体器件由弱电领域扩展到强电领域。晶闸管也像半导体二极管那样具有单向导电性，但它的导通时间是可控的，主要用于整流、逆变、调压及开关等方面。

晶闸管外形如图 3-2 所示，有小型塑封型（小功率）、平面型（中功率）和螺栓型（中、大功率）3 种。单向晶闸管的内部结构如图 3-3（a）所示，它是由 PNPN 4 层半导体材料构成的三端半导体器件，3 个引出端分别为阳极 A、阴极 K 和门极 G。单向晶闸管的阳极与阴极之间具有单向导电的性能，其内部可以等效为由一只 PNP 三极管和一只 NPN 三极管组成的复合管，如图 3-3（b）所示。如图 3-3（c）所示是其电路图形符号。

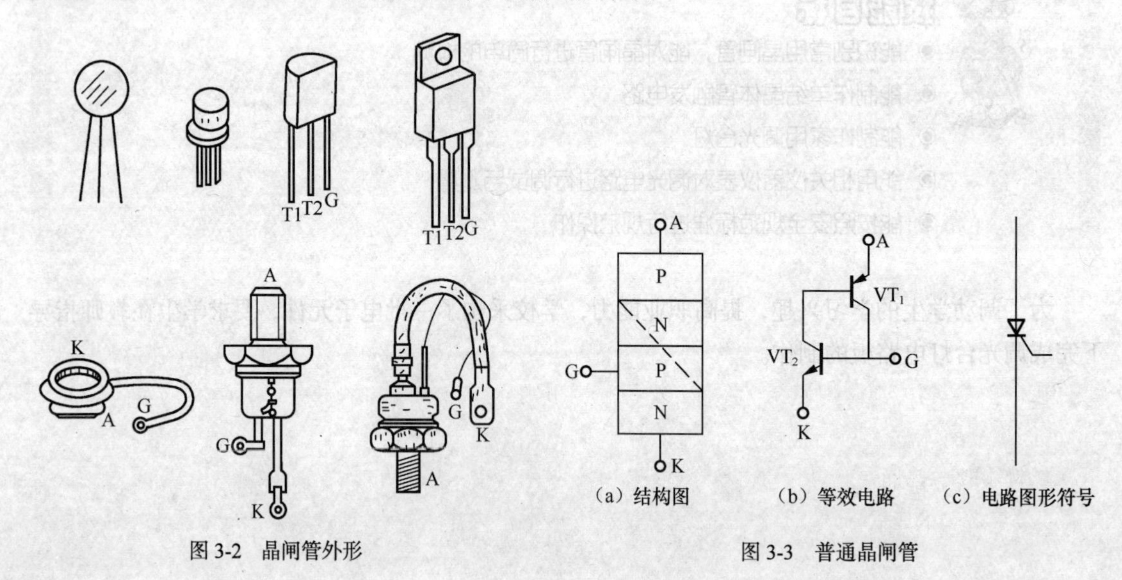

（a）结构图　（b）等效电路　（c）电路图形符号

图 3-2　晶闸管外形　　图 3-3　普通晶闸管

2. 晶闸管的工作原理

（1）正向阻断状态。当晶闸管的阳极 A 和阴极 K 之间加正向电压而控制极不加电压时，管子不导通，称为正向阻断状态。

（2）触发导通状态。当晶闸管的阳极 A 和阴极 K 之间加正向电压且控制极和阴极之间也加正向电压时，如图 3-3（b）所示，若 VT_2 管的基极电流为 I_{B2}，则其集电极电流为 I_{C2}；VT_1 管的基极电流 I_{B1} 等于 VT_2 管的集电极电流 I_{C2}，因而 VT_1 管的集电极电流 I_{C1} 为 βI_{C2}；该电流又作为 VT_2 管的基极电流，再一次进行上述放大过程，形成正反馈。在很短的时间内（一般不超过几微秒），两只管子均进入饱和状态，使晶闸管完全导通，这个过程称为触发导通过程。当它导通后，控制极就失去控制作用，管子依靠内部的正反馈始终维持导通状态。此时，阳极和阴极之间的电压一般为 0.6 ~ 1.2 V，电源电压几乎全部加在负载电阻上；阳极电流 I 可达几十安至几千安。

（3）正向关断。使阳极电流 I_F 减小到小于一定数值 I_H，导致晶闸管不能维持正反馈过程而变为关断，这种关断称为正向关断，I_H 称为维持电流；如果在阳极和阴极之间加反向电压，晶闸管也将关断，这种关断称为反向关断。因此，晶闸管的导通条件为：在阳极和阴极间加电压，同时在控制极和阴极间加正向触发电压。其关断方法为：减小阳极电流或改变阳极与阴极的极性。

3. 晶闸管的简易检测

对于晶闸管的 3 个电极，可以用万用表粗测其好坏。依据 PN 结单向导电原理，用万用表欧姆挡测试元件 3 个电极之间的阻值，可初步判断管子是否完好。

如用万用表 R × 1k 挡测量阳极 A 和阴极 K 之间的正、反向电阻都很大，在几百千欧以上，且正、反向电阻相差很小；用 R × 10 或 R × 100 挡测量控制极 G 和阴极 K 之间的阻值，其正向电阻应小于或接近于反向电阻，这样的晶闸管是好的。如果阳极与阴极或阳极与控制极间有短路，阴极与控制极间为短路或断路，则晶闸管是坏的。

用万用电表 R × 1k 挡分别测量 A-K、A-G 间正、反向电阻；用 R × 10 挡测量 G-K 间正、反向电阻，记入表 3-1。

表 3-1　　测量正、反向电阻结果

R_{AK}（kΩ）	R_{KA}（kΩ）	R_{AG}（kΩ）	R_{GA}（kΩ）	R_{GK}（kΩ）	R_{KG}（kΩ）	结论

4. 晶闸管交流调压电路

图 3-4 所示电路的工作过程为：4 只整流二极管将输入的正弦交流电变换为单方向脉动的直流电加在晶闸管的阳极与阴极之间，无论触发电压在输入的正半周还是负半周加到晶闸管的控制极，都能使晶闸管导通向负载供电，负载电压的波形如图 3-4（b）阴影部分所示。改变触发电压加到控制极的时间（见图 3-4（b）中的 t_1、t_2），即可实现负载上电压的调节。

二、单结晶体管

欲使晶闸管导通，它的控制极上必须加上触发电压 v_G，产生触发电压 v_G 的电路称为触发电路。触发电路种类繁多，各具特色。本节主要介绍用单结晶体管组成的触发电路。

1. 单结晶体管识别与检测

它的外形与普通三极管相似，具有 3 个电极，但不是三极管，而是具有 3 个电极的二极管，管内只有一个 PN 结，所以称之为单结晶体管。3 个电极中，一个是发射极，两个是基极，因此也称为双基极二极管。

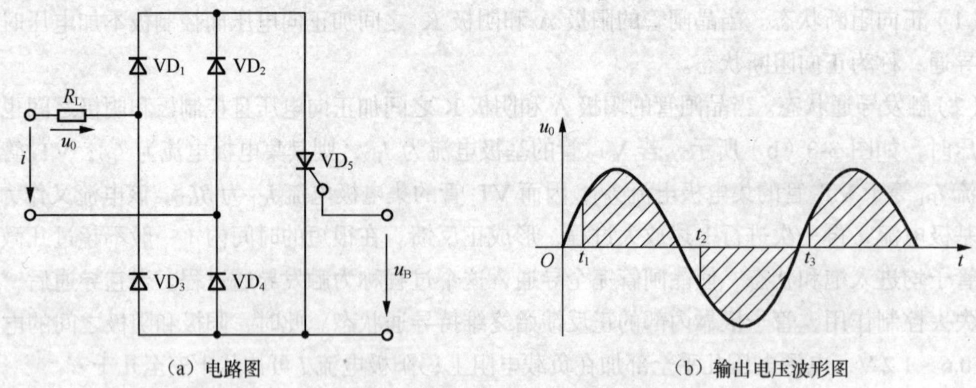

（a）电路图　　　　（b）输出电压波形图

图 3-4　单只晶闸管交流调压电路

（1）结构与符号。其结构如图 3-5（a）所示。它有 3 个电极，但在结构上只有一个 PN 结。有发射极 E，第一基极 B_1 和第二基极 B_2，其符号如图 3-5（b）所示。

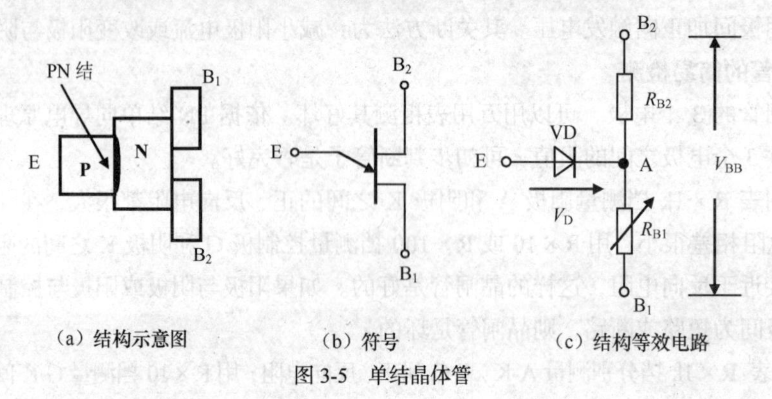

（a）结构示意图　　（b）符号　　（c）结构等效电路

图 3-5　单结晶体管

（2）伏安特性。单结晶体管的等效电路如图 3-5（c）所示，两基极间的电阻为 $R_{BB}=R_{B1}+R_{B2}$，用 VD 表示 PN 结。R_{BB} 的阻值范围为 2～15kΩ之间。如果在 B_1、B_2 两个基极间加上电压 V_{BB}，则 A 与 B_1 之间即 R_{B1} 两端得到的电压为

$$V_A=\frac{R_{B1}}{R_{B1}+R_{B2}}V_{BB}=\eta V_{BB} \tag{3-1}$$

其中，η 称为分压比，它与管子的结构有关，一般在 0.3～0.8 之间，η 是单结晶体管的主要参数之一。

单结晶体管的伏安特性是指它的发射极电压 V_E 与流入发射极电流 I_E 之间的关系。图 3-6（a）是测量伏安特性的实验电路，在 B_2、B_1 间加上固定电源 E_B，获得正向电压 V_{BB} 并将可调直流电源 E_E 通过限流电阻 R_E 接在 E 和 B_1 之间。

当外加电压 $V_E<\eta V_{BB}+V_D$ 时（V_D 为 PN 结正向压降），PN 结承受反向电压而截止，故发射极回路只有微安级的反向电流，单结晶体管子处于截止区，如图 3-6（b）的 aP 段所示。

在 $V_E=\eta V_{BB}+V_D$ 时，对应于图 3-6（b）中的 P 点，该点的电压和电流分别称为峰点电压 V_P 和峰点电流 I_P。由于 PN 结承受了正向电压而导通，此后 R_{B1} 急剧减小，V_E 随之下降，I_E 迅速增大，单结晶体管呈现负阻特性，负阻区如图 3-6（b）中的 PV 段所示。

V 点的电压和电流分别称为谷点电压 V_V 和谷点电流 I_V。过了谷点以后，I_E 继续增大，V_E 略有上升，但变化不大，此时单结晶体管进入饱状态，图 3-6（b）中对应于谷点 V 以右的特性，称

为饱和区。当发射极电压减小到 $V_E<V_V$ 时，单结晶体管由导通恢复到截止状态。

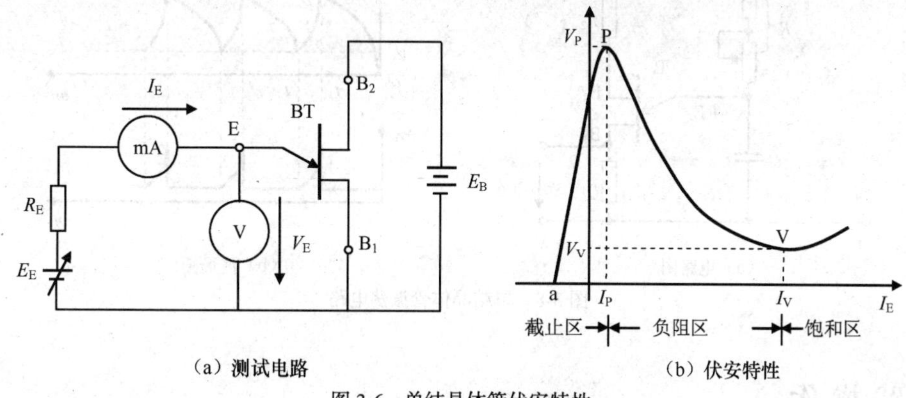

（a）测试电路　　（b）伏安特性

图 3-6　单结晶体管伏安特性

综上所述，峰点电压 V_P 是单结晶体管由截止转向导通的临界点。

$$V_P = V_D + V_A \approx V_A = \eta V_{BB} \quad (3\text{-}2)$$

因此，V_P 由分压比 η 和电源电压 V_{BB} 决定。

谷点电压 V_V 是单结晶体管由导通转向截止的临界点。一般 $V_V = 2 \sim 5V$（$V_{BB} = 20$ V）。

国产单结晶体管的型号有 BT31、BT32 和 BT33 等。BT 表示半导体特种管，3 表示 3 个电极，第 4 个数字表示耗散功率分别为 100mW、200mW 和 300mW。

2. 单结晶体管的检测

图 3-7 所示为单结晶体管 BT33 管脚排列、结构图及电路符号。好的单结晶体管 PN 结正向电阻 R_{EB1}、R_{EB2} 均较小，且 R_{EB1} 稍大于 R_{EB2}，PN 结的反向电阻 R_{B1E}、R_{B2E} 均应很大，根据所测阻值，即可判断出各管脚及管子的质量优劣。

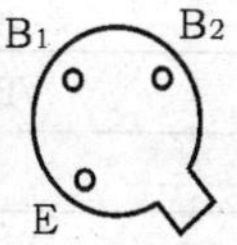

B_1　B_2　E

图 3-7　单结晶体管 BT33 管脚排列

用万用电表 R × 10Ω 挡分别测量 EB_1、EB_2 间正、反向电阻，记入表 3-2。

表 3-2　测量 EB_1、EB_2 间正、反向电阻表

R_{EB1}（Ω）	R_{EB2}（Ω）	R_{B1E}（kΩ）	R_{B2E}（kΩ）	结 论

3. 单结晶体管振荡电路制作与调试

利用单结晶体管的负阻特性和 RC 电路的充放电特性，可组成单结晶体管振荡电路，其基本电路如图 3-8 所示。

当合上开关 S 接通电源后，将通过电阻 R 向电容 C 充电（设 C 上的起始电压为零），电容两端电压 v_C 按 $\tau = RC$ 的指数曲线逐渐增加。当 v_C 升高至单结晶体管的峰点电压 V_P 时，单结晶体管由截止变为导通，电容向电阻 R_1 放电，由于单结晶体管的负阻特性，且 R_1 又是一个 50 ~ 100Ω 的小电阻，电容 C 的放电时间常数很小，放电速度很快，于是在 R_1 上输出一个尖脉冲电压 v_G。在电容的放电过程中，V_E 急剧下降，当 $V_E \leq V_V$（谷点电压）时，单结晶体管便跳变到截止区，输出电压 v_G 降到零，即完成一次振荡。

放电一结束，电容又开始重新充电并重复上述过程，结果在 C 上形成锯齿波电压，而在 R_1 上得到一个周期性的尖脉冲输出电压 v_G，如图 3-8（b）所示。

调节 R（或变换 C）以改变充电的速度，从而调节图 3-8（b）中的 t_1 时刻，如果把 v_G 接到晶闸管的控制极上，就可以改变控制角 α 的大小。

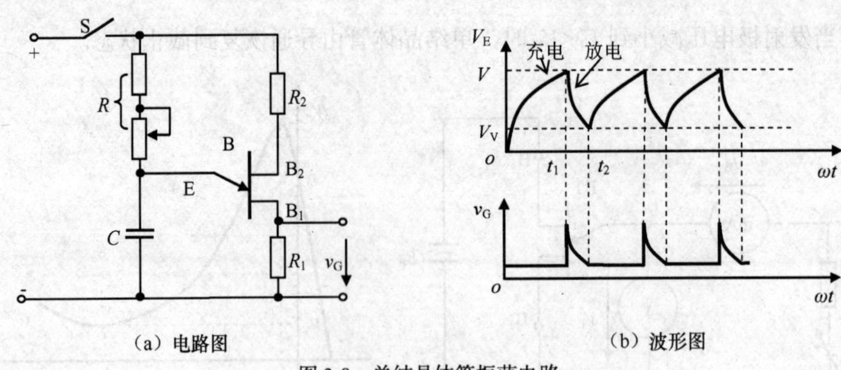

(a) 电路图　　　　(b) 波形图

图 3-8　单结晶体管振荡电路

实践操作

一、元器件选择

电路元器件名称、规格型号和数量，如表 3-3 所示。按材料清单清点元器件。

表 3-3　　　　电路元器件清单

元　件	名称规格	数量
$VD_1 \sim VD_4$	二极管 IN4007	4
VD_5	晶闸管 MCR100-6	1
VT	单结晶体管 BT33	1
R_1	电阻器 51kΩ	1
R_2	电阻器 300Ω	1
R_3	电阻器 100Ω	1
R_4	电阻器 18kΩ	1
R_p	带开关电位器 470kΩ	1
C	涤纶电容器 0.022μF	1
HL	灯泡 220V/25W	1
	灯座	1
	电源线	1
	导线	若干
	印制板	1

二、完成电路板的焊接

1. 装接前的准备

(1) 用万用表测试各元件的主要参数，及时更换存在质量的元器件。

(2) 将所有元器件引脚上的漆膜、氧化膜清除干净，对导线进行搪锡。

(3) 根据要求对各元器件进行整形。

2. 装接

(1) 有极性的元器件二极管、晶闸管、单结晶体管等，在安装时要注意极性，切勿装错。

（2）所有元器件尽量贴近线路板安装。

（3）带开关电位器要用螺母固定在印制板开关的孔上，电位器用导线连接到线路板的所在位置。

（4）印制板四周用螺母固定支撑。

三、电子电路的调试

1. 检查电路连接是否正确，确保无误后方可接上灯泡，开始调试。调试过程中应注意安全，防止触电。

2. 接通电源，打开开关，旋转电位器手柄，观察灯泡亮度变化。

3. 在下面几种情况下测量电路中各点电压，并填入表 3-4 中。

表 3-4　　测量电路中各点电压表

灯泡状态	元器件各点电压						断开交流电源，电位器的电阻值
	VD_5			VT			
	V_A	V_K	V_G	V_{B1}	V_{B2}	V_E	
灯泡最亮时							
灯泡微亮时							
灯泡不亮时							

（1）由于电路直接与市电相连，调试时应注意安全，防止触电。调试前认真、仔细核查各元器件安装是否正确可靠，最后插上灯泡，进行调试。

（2）插上电源插头，人体各部分远离印制电路板，打开开关，右旋电位器把柄，灯泡应逐渐变亮，右旋到头灯泡最亮；反之，左旋电位器把柄，灯泡应逐渐变暗，左旋到头灯光熄灭。

四、常见故障检修

（1）灯泡不亮，不可调光。由 BT33 组成的单结晶体管张弛振荡器停振，可造成灯泡不亮，不可调光。可检测 BT33 是否损坏，电容 C 是否漏电或损坏等。

（2）电位器顺时针旋转时，灯泡逐渐变暗。这是电位器中心抽头接错位置所致。

（3）调节电位器 R_P 至最小位置时，灯泡突然熄灭。可检测 R_4 的阻值，若 R_4 的实际阻值太小或短路，则应更换 R_4。

（4）将制作、调试和维修结果填入表 3-5 中。

表 3-5　　制作、调线和维修结果表

状态	元器件各级电压						断开交流电源电位器 R_P 的电阻值
	VS		VT				
	V_A	V_K	V_G	V_{b1}	V_{b2}	V_e	
灯泡微亮时							
灯泡最亮时							
调试中出现的故障及排除方法							

技能考核

请将调光台灯制作实训评分填入下表中。

安全文明生产要求：仪器、工具正确放置，按正确的操作规定进行操作规程进行操作，操作过程中爱护仪器设备、工具、工作台，防止出现触电事故。

内　容	技术要求	配　分	评分标准	得　分
元器件引脚	引脚加工尺寸及成形应符合装配工艺要求	6		
元器件安装	（1）元件高度及字符方向应符合工艺要求 （2）元件安装横平竖直 （3）电路板底层安装贴片元件 （4）灯泡通过导线连接到 J2,连接到 J2 端的导线压接端头	8		
焊点	（1）焊点大小适中，无漏、假、虚、连焊，焊点光滑、圆润、干净，无毛刺 （2）焊盘不应脱落 （3）修脚长度适当，一致、美观	10	（1）检查成品，不符合要求的，每处每件扣 0.5 分/件 （2）根据监考记录，工具的不正确操作，每次扣 0.5 分	
安装质量	（1）集成电路、二极管、三极管及导线等安装均应符合工艺要求 （2）元器件安装牢固，排列整齐 （3）无烫伤和划伤，整机清洁无污物	6		
常用工具的使用和维护	（1）电烙铁的正确使用 （2）钳口工具的正确使用和维护 （3）万用表正常使用和维护 （4）毫伏表正常使用和维护 （5）示波器正常使用和维护	5		
安全文明操作	违反安全文明操作规程（视实际情况进行扣分）			
额定时间	每超过 5 min 扣 2 分		得分	

学习评价

调光台灯制作活动评价表

项目内容	要求	评定			
		自评	组评	师评	总评
能正确使用工具完成任务（10 分）	A. 很好　B. 一般　C. 不理想				
能看懂技术要领链接中的操作说明（20 分）	A. 能　B. 有点模糊　C.不能				
能按正确的操作步骤完成调光台灯的焊接（30 分）	A. 能　B. 基本能　C. 不能				
能独立完成实训报告的填写（10 分）	A. 能　B. 基本能　C. 不能				
能请教别人、参与讨论并解决问题（10 分）	A. 很好　B. 一般　C. 没有				
上进心、责任心（协作能力、团队精神）的评价（20 分）	个人情感能力在活动中起到的作用：A.很大 B.不大 C.没起到				
合　计					

学生在任务完成过程中遇到的问题	
问题记录	1.
	2.
	3.
	4.

项目四

逻辑笔的制作

项目描述

在数字电路测试、调试和检修时，经常需对电路中某点的逻辑状态进行测试，有时需要对某点施加逻辑电平，若使用万用表、示波器、电源和信号发生器等实现上述工作很不方便。利用数字逻辑笔可大大缩短数字电路的测试时间，简单方便、灵活多用。因此数字逻辑笔已越来越受到使用者的喜爱。

逻辑测试笔（见图 4-1），是专门用于测定逻辑电路的输出状态，更加方便仪器故障的诊断和维修的逻辑测试工具，其外形与钢笔相似，使用逻辑探头进行测试或输出。

逻辑笔是怎样设计的呢？它是利用数字电路中的基本门电路来实现的。那么什么是数字电路呢？什么是门电路呢？

通过本项目的理论学习和实践操作，同学们就能应用所学数字电路的知识来完成数字逻辑笔的设计及制作。

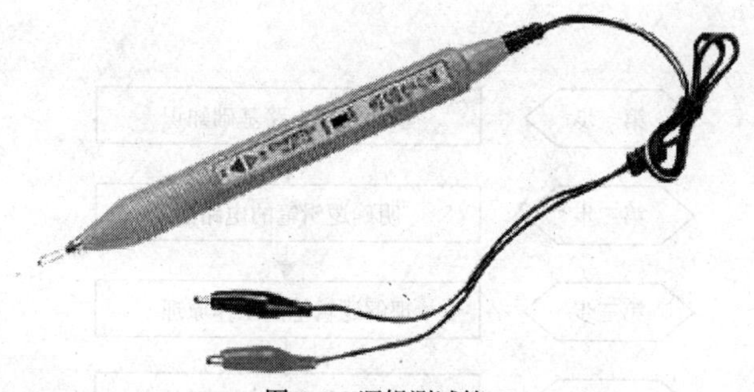

图 4-1 逻辑测试笔

知识目标

- 掌握数字电路基础知识
- 掌握逻辑笔电路图及各单元组成
- 掌握逻辑笔的原理和使用方法
- 熟悉 CD4011 四-2 输入与非门集成电路

技能目标

- 能识读逻辑笔电路图
- 认识数码管，并会检测其质量
- 能正确安装并调试逻辑笔电路
- 能排除常见的简单故障
- 能按照安全规范标准进行规范操作

工作任务

随着电子科学与技术的飞速发展，用数字电路进行信号处理的优势也更加突出。它已经被广泛应用于工业、农业、通信、医疗和家用电子等各个领域。如工农业生产中用到的数控机床、温度控制、气体检测，家用冰箱、空调的温度控制，通信用的数字手机以及正在发展中的网络通信、数字化电视等。数字电路具有精度高、稳定性好、抗干扰能力强及程序软件控制等一系列优点。随着数字电路的发展，其应用将会越来越广泛，它将会深入到生活的每一个角落。

在数字电路的设计或数字电路的检测过程中，假如在手边没有示波器、逻辑分析仪等重型装备的状况下，一支简单的逻辑笔就能轻松完成。逻辑笔可用来测量电路的频率、周期以及各种芯片的输出状态，既方便又实用。

逻辑笔又称为逻辑探针，是目前在数字电路测试中使用最为广泛的一种工具，由于其能够及时地将被测点的逻辑状态显示出来，同时可以存储脉冲信号，因此成为电路检修过程中一种不可缺少的检测工具。

那么怎样设计制作一支既经济又好用的逻辑笔？一起来学习制作吧！

实施细则

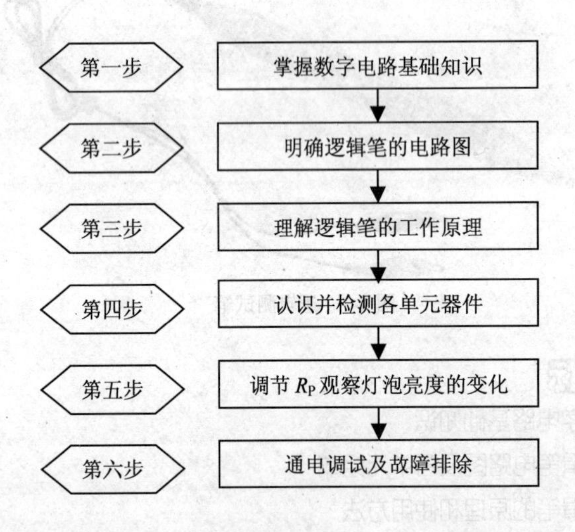

相关知识

一、数字电路基础知识

1. 电路中的信号分类

（1）模拟信号。模拟信号是指时间上是连续变化的，幅值上也是连续取值的信号。如正弦波信号和锯齿波信号等，如图 4-2 所示。

（2）数字信号。数字信号是指时间和幅值上不连续的离散的信号。如数字表盘的读数、数字电路信号等，如图 4-3 所示。

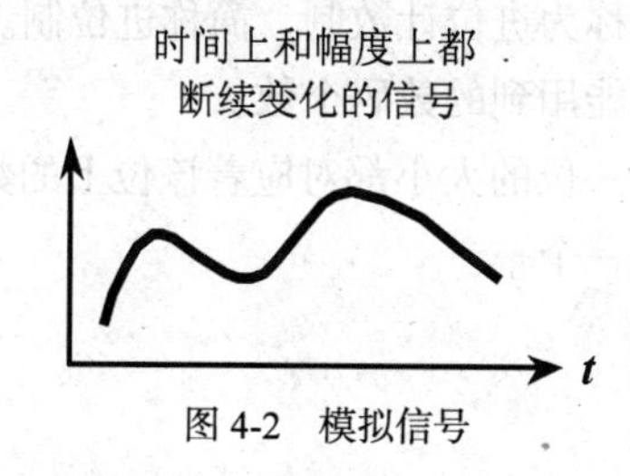

图 4-2 模拟信号

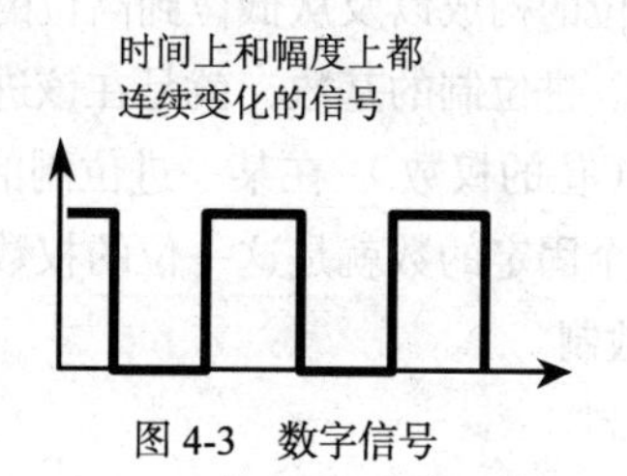

图 4-3 数字信号

2. 电路的分类

（1）模拟电路。即处理模拟信号的电子电路。

（2）数字电路。将产生、存储、变换、处理、传送数字信号的电子电路称为数字电路。

数字电路不仅能够完成算术运算，而且能够完成逻辑运算。它具有逻辑推理和逻辑判断的能力，因此，也被称为数字逻辑电路或逻辑电路。

数字信号特点：只有 0 和 1 两个状态。0 和 1 没有大小之分，只是代表一种逻辑关系，即两种状态（有或无，高或低），如图 4-4 和图 4-5 所示。

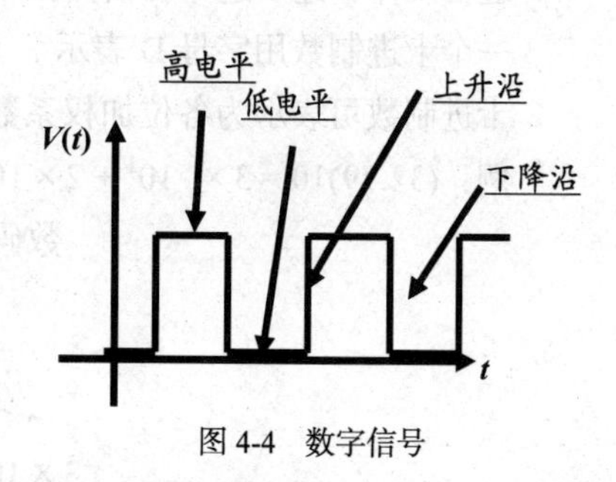

图 4-4 数字信号

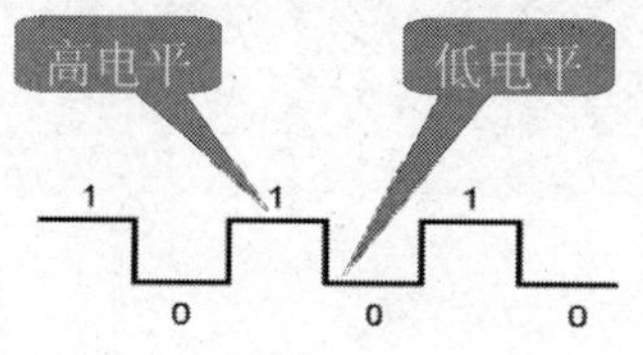

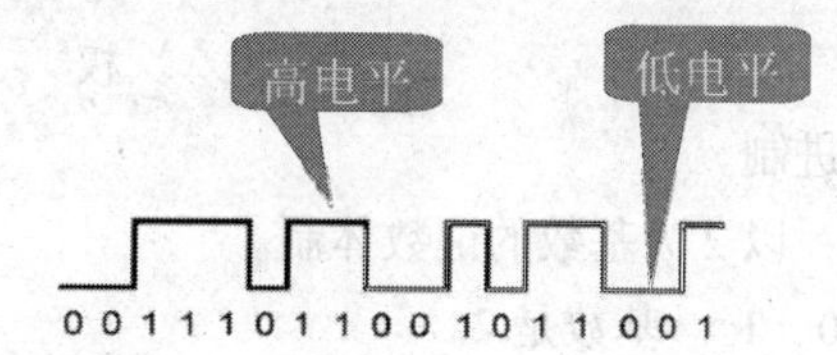

图 4-5 数字信号波形

3. 数字电路的特点

（1）设备便于实现集成化、微型化，电路结构简单、稳定可靠。数字电路只要能区分高电平和低电平即可，对元件的精度要求不高，因此有利于实现数字电路集成化。

（2）抗干扰能力强、无噪声积累。数字信号在传递时采用高、低电平两个值，因此数字电路抗干扰能力强，不易受外界干扰。

（3）数字电路中元件处于开关状态，功耗较小。

（4）便于加密处理。

（5）便于存储、处理和交换。

由于数字电路具有上述特点，故发展十分迅速，在计算机、数字通信、自动控制、数字仪器及家用电器等技术领域中得到广泛应用。

二、数制

1. 数制定义

数制就是计数的方法。按进位方法的不同，有“逢十进一”的十进制计数，还有“逢二进一”的二进制计数和“逢十六进一”的十六进制计数等。

（1）进位制。表示数时，仅用一位数码往往不够用，必须用进位计数的方法组成多位数码。多位数码每一位的构成以及从低位到高位的进位规则称为进位计数制，简称进位制。

（2）基数。进位制的基数，就是在该进位制中可能用到的数码个数。

（3）位权（位的权数）。在某一进位制的数中，每一位的大小都对应着该位上的数码乘上一个固定的数，这个固定的数就是这一位的权数。权数是一个幂。

2. 常用数制

（1）十进制。

十进制：以 10 为基数的记数体制。

表示数的 10 个数码：0、1、2、3、4、5、6、7、8、9。

进位规律：逢十进一，借一当十。

一个十进制数用字母 D 表示。

十进制数可表示为各位加权系数之和，称为按权展开式。

例：$(32.79)10 = 3 \times 10^1 + 2 \times 10^0 + 7 \times 10^{-1} + 9 \times 10^{-2}$

数码所处位置不同时，所代表的数值不同

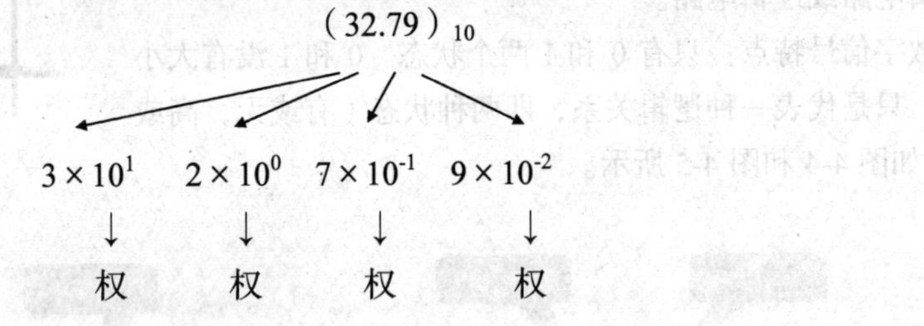

（2）二进制。

二进制：以 2 为基数的记数体制。

数码：0、1　　基数是 2。

运算规律：逢二进一，即：1 + 1 = 10。

注：各数位的权是 2 的幂。

一个二进制数用字母 B 表示。

将按权展开式按照十进制规律相加，即得对应十进制数。

例：$(1001.01)_2 = 1 \times 2^3 + 0 \times 2^2 + 0 \times 2^1 + 1 \times 2^0 + 0 \times 2^{-1} + 1 \times 2^{-2}$

$= 8+0+0+1+0+0.25$

$= (9.25)_{10}$

二进制数只有 0 和 1 两个数码，它的每一位都可以用电子元件来实现，且运算规则简单，相应的运算电路也容易实现。

加法运算规则：0+0=0，0+1=1，1+0=1，1+1=10。

乘法运算规则：0·0=0，0·1=0，1·0=0，1·1=1。

（3）十六进制。

数码为：0 ~ 9、A ~ F；基数是 16。

运算规律：逢十六进一，即：F + 1 = 10。

一个十六进制数用字母 H 表示。

十六进制数的权展开式：

如：$(D8.A)_2 = 13\times16^1 + 8\times16^0 + 10\times16^{-1} = (216.625)_{10}$

二、八、十六和十进制的对应关系，见表 4-1。

表 4-1　　二、八、十六和十进制的对应关系

二 进 制 数	八 进 制 数	十六进制数	十进制数的值
0000	00	0	0
0001	01	1	1
0010	02	2	2
0011	03	3	3
0100	04	4	4
0101	05	5	5
0110	06	6	6
0111	07	7	7
1000	10	8	8
1001	11	9	9
1010	12	A	10
1011	13	B	11
1100	14	C	12
1101	15	D	13
1110	16	E	14
1111	17	F	15

三、数制转换

数字电路中常用几种不同的进位数制，包括二进制、十六进制和十进制。在数字逻辑运算中，数制之间的进制转换是经常遇到的问题，应熟练掌握。

1. 十进制与二进制转换

十进制到二进制的转换通常要区分数的整数部分和小数部分，并分别按除 2 取余数部分和乘 2 取整数部分两种不同的方法来完成。

（1）对整数部分，要用除 2 取余数办法完成十→二的进制转换，其规则如下。

① 用 2 除十进制数的整数部分，取其余数为转换后的二进制数整数部分的低位数字。

② 再用 2 去除所得的商，取其余数为转换后的二进制数高一位的数字。

③ 重复执行第②步的操作，直到商为 0，结束转换过程。

【例 4-1】$(25.375)_{10}=(\ ?\ )_2$

除数	被除数/商	余数		小数部分	整数
2	25			0.375	
2	12	1		×2	
2	6	1		0.750	0
2	3	0	读数顺序（↑）	×2	读数顺序（↓）
2	1	1		1.500	1
	0	1		×2	
				1.000	1

$$(25.375)_{10} = (11011.011)_2$$

【例 4-2】将十进制的 37 转换成二进制整数的过程如下。

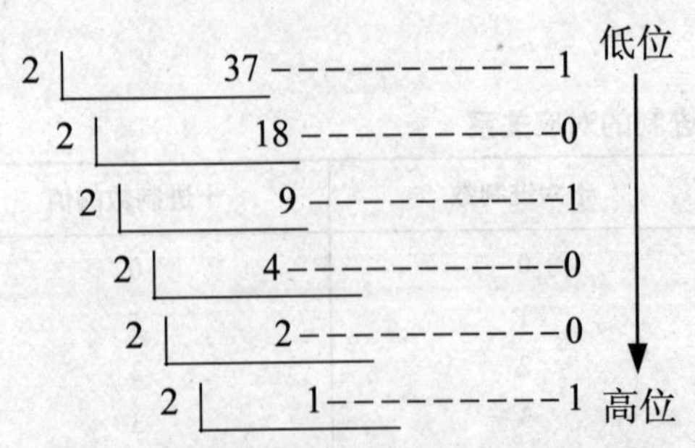

余数部分即为转换后的结果为$(100101)_2$。

（2）对小数部分，要用乘 2 取整数办法完成十→二的进制转换，其规则如下。

① 用 2 乘十进制数的小数部分，取乘积的整数为转换后的二进制数的最高位数字。

② 再用 2 乘上一步乘积的小数部分，取新乘积的整数为转换后二进制小数低一位数字。

③ 重复第②步操作，直至乘积部分为 0，或已得到的小数位数满足要求，结束转换过程。

例如，将十进制的 0.43，转换成二进制小数的过程如下（假设要求小数点后取 5 位）。

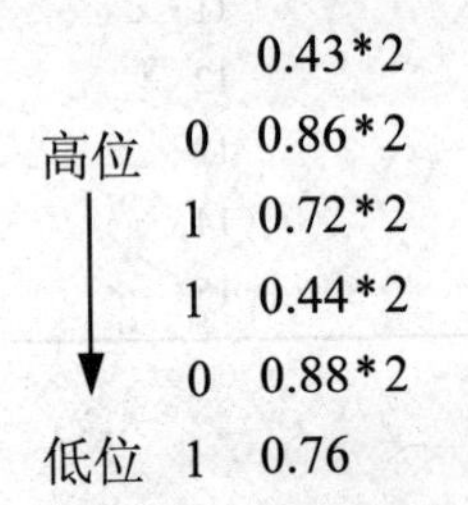

整数部分，即转换后的二进制小数为$(0.01101)_2$。

对既有整数部分又有小数部分的十进制数，可以先转换其整数部分为二进制数的整数部分，再转换其小数部分为二进制的小数部分，通过把得到的两部分结果合并起来得到转换后的最终结果。例如，$(37.43)_{10} = (100101.01101)_2$。

2. 二进制和十六进制间的相互转换

二进制→十六进制：以小数点为分界。整数部分从最右边开始，每 4 位分成一组，若含最高位的组不足 4 位，在其左边加 0 补足 4 位。小数部分从最左边开始，向右每 4 位一组，若含最低位的一组不足 4 位，在其右边加 0 补足 4 位。分割后，将每组用一位十六进制数码取代即可。

【例 4-3】$(10011111011.111011)_2 = (\ ?\ )_{16}$

$\underline{0100}\ \underline{1111}\ \underline{1011}.\underline{1110}\ \underline{110}$

↓ ↓ ↓ ↓ ↓ $(10011111011.111011)_2$

4 F B E C $=(4FB.EC)_{16}$

【例 4-4】将十六进制数 1C9.2F16 转换为二进制数。

解：对每个十六进制位，写出对应的 4 位二进制数。

1	C	9	.	2	F	十六进制
0001	1100	1001	.	0010	1111	二进制

【例 4-5】将二进制数 111010111101.1012 转换为十六进制数。

补足4位
↓

1110	1011	1101	.	1010	二进制
E	B	D	.	A	十六进制

四、BCD 码

BCD 码也称二进码十进数或二-十进制代码。用 4 位二进制数来表示 1 位十进制数中的 0~9 这 10 个数码，简称 BCD 码。

例如，十进制 8 的 BCD 码是 1000，十进制 9 的 BCD 码是 1001，再者，十进制 83.6 的 BCD 码是 1000 0011.0110，可以理解 BCD 就是一个二进制。

采用 BCD 码，既可保存数值的精确度，又可缩短运算的时间。此外，对于需要高精确度的计算，BCD 编码是很常用。

8421 BCD 码是最基本和最常用的 BCD 码，它和 4 位自然二进制码相似，各位的权值为 8、4、2、1，故称为有权 BCD 码。和 4 位自然二进制码不同的是，它只选用了 4 位二进制码中前 10 组代码，即用 0000~1001 分别代表它所对应的十进制数，余下的 6 组代码不用。

【例 4-6】求出十进制数 902.451 0 的 8421BCD 码。

解：

十进制	9	0	2	.	4	5
BCD	1001	0000	0010	.	0100	0101

用 BCD 码表示十进制数举例。

$$(4.79)_{10} = (0100.01111001\ )_{8421BCD}$$

$$(01010001)_{8421BCD} = (51)_{10}$$

十进制数与 8421 码的对应关系如表 4-2 所示。

表 4-2　　　　十进制数与 8421 码的对应关系

十进制数	0	1	2	3	4	5	6	7	8	9
8421 码	0000	0001	0010	0011	0100	0101	0110	0111	1000	1001

实践操作

一、显示型逻辑笔的电路逻辑图

逻辑笔的电路图如图 4-6 所示。

逻辑笔的结构框图及说明如下。

从图 4-6 可以看出，其是由 CD4011 四-2 输入与非门集成电路和共阴极数码管构成显示型的

逻辑电笔。当在 CD4011 输入端加高低电位时，可以通过数码管显示的（H）或（L）来判断其输入端加入的是高电位还是低电位。

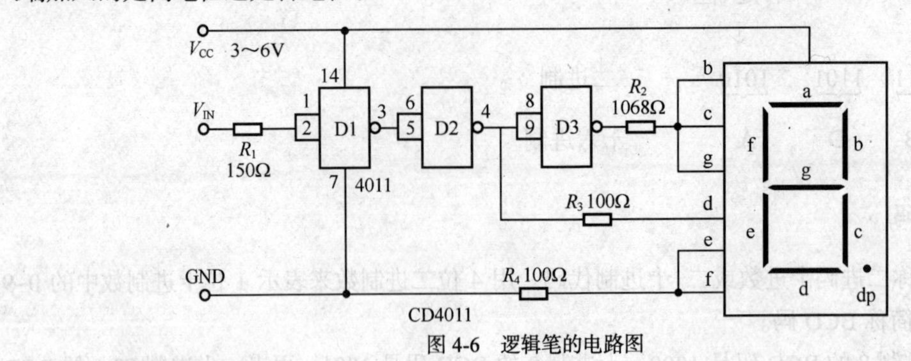

图 4-6 逻辑笔的电路图

二、逻辑笔原理分析

“1”为高电平，“0”为低电平。

（1）V_{IN} 输入为高电位时，即输入为“1”时，则在 D1 与非门的输出端 3 输出“0”，再将其加到 D2 的输入端，则 4 输出为“1”，再将其输入给 D3 和数码管 d 端。此时，因为数码管是共阳极接法，则 d 不亮，而 D3 输出“0”给 b、c、g 端，则 b、c、g 亮，e、f 接低电平后也亮，最终在数码管上显示“H”。

（2）V_{IN} 输入低电平时，即输入“0”时，则显示“L”。

这样根据输入的信号不同就能显示指定的“H”“L”两个电位。

元件清单表如表 4-3 所示。

表 4-3 逻辑笔元件清单表

元　件	数　量
数码管	1个
5V 电源	1个
CD4011	1个
导线	若干
电路板	1块
电阻	4个

三、单元电路（主要元器件）功能

1. CD4011 芯片

（1）CD4011 原理。CD4011 为两输入与非门集成电路。当两输入端有一个输入为 0，输出就为 0；只有当输入均为 1 时，输出才为 1。

（2）CD4011 引脚功能如下。其引脚图如图 4-7 所示。

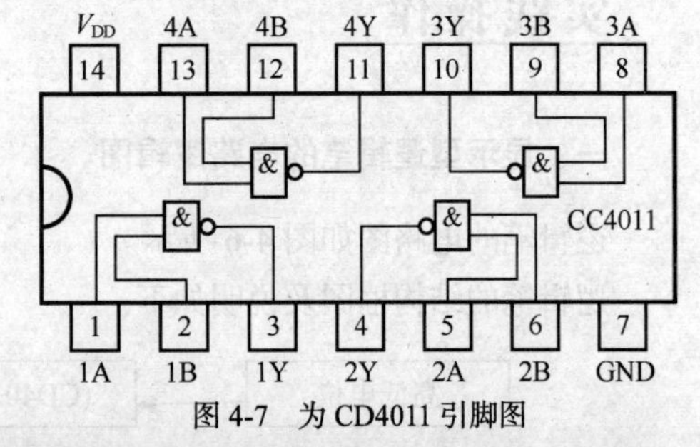

图 4-7 为 CD4011 引脚图

1A 数据输入端；2A 数据输入端；3A 数据输入端；4A 数据输入端；1B 数据输入端；2B 数据输入端；3B 数据输入端；4B 数据输入端；V_{DD} 电源正；

V_{SS}地；1Y 数据输出端；2Y 数据输出端；3Y 数据输出端；4Y 数据输出端。

（3）V_{DD}电压范围：−0.5 ~ 18V。

（4）功耗。双列普通封装功耗为 700mW，小型封装功耗为 500mW。

（5）工作温度范围。CD4011BM：−55℃ ~ +125℃；CD4011BC：−40℃ ~ +85℃。

逻辑表达式：$Y = A \cdot B$，真值表 $A=Y \cdot B$

X	*Y*	*Q*	动作
0	0	?	禁止
0	1	1	设定
1	0	0	重置
1	1	不变	无

2. 数码管

7 段数码管一般由 8 个发光二极管组成，其中由 7 个细长的发光二极管组成数字显示，另外一个圆形的发光二极管显示小数点，如图 4-8 所示。当发光二极管导通时，相应的一个点或一个笔画发光，控制相应的二极管导通，就能显示出各种字符。尽管显示的字符形状有些失真，能显示的数符数量也有限，但其控制简单，使用也方便。

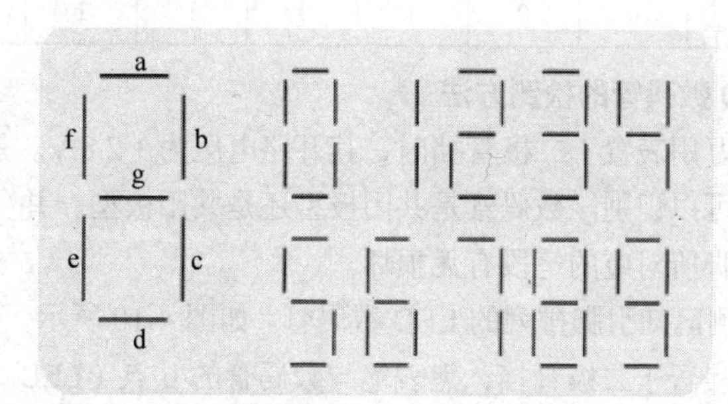

图 4-8　7 段 LED 数码管

LED 数码管中的发光二极管共有两种连接方法。发光二极管的阳极连在一起的称为共阳极数码管，阴极连在一起的称为共阴极数码管，如图 4-9 所示。

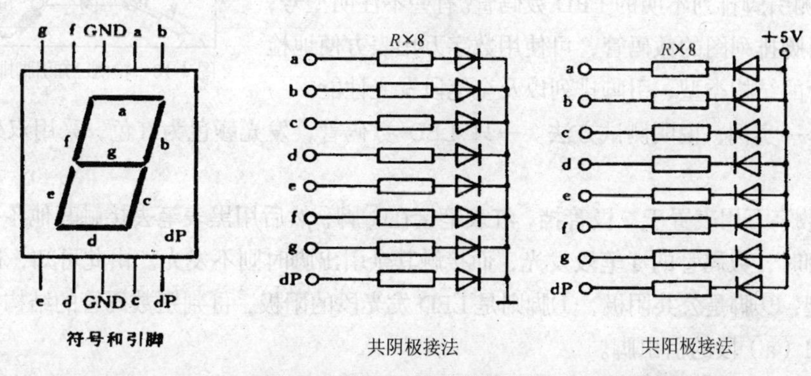

图 4-9　7 段 LED 数码管接法

（1）共阴极接法。把发光二极管的阴极连在一起构成公共阴极。使用时公共阴极接地，这样阳极端输入高电平的段发光二极管就导通点亮，而输入低电平的则不点亮。实验中使用的 LED 显示器为共阴极接法。

（2）共阳极接法。把发光二极管的阳极连在一起构成公共阳极。使用时公共阳极接+5V，这样阴极端输入低电平的段发光二极管就导通点亮，而输入高电平的则不点亮。数码管真值表见表4-4。

表4-4　　数码管真值表

	A	B	C	D	a	b	c	d	e	f	g	
0	0	0	0	0	1	1	1	1	1	1	0	0
1	0	0	0	1	0	1	1	0	0	0	0	1
2	0	0	1	0	1	1	0	1	1	0	1	2
3	0	0	1	1	1	1	1	1	0	0	1	3
4	0	1	0	0	0	1	1	0	0	1	1	4
5	0	1	0	1	1	0	1	1	0	1	1	5
6	0	1	1	0	0	0	1	1	1	1	1	6
7	0	1	1	1	1	1	1	0	0	0	0	7
8	1	0	0	0	1	1	1	1	1	1	1	8
9	1	0	0	1	1	1	1	0	0	1	1	9

3. LED数码管的检测方法

将数字万用表置于二极管挡时，其开路电压为+2.8 V。用此挡测量LED数码管各引脚之间是否导通，可以识别该数码管是共阴极型还是共阳极型，并可判别各引脚所对应的笔段有无损坏。

（1）检测已知引脚排列的LED数码管。如图4-10所示，将数字万用表置于二极管挡，黑表笔与数码管的h点（LED的共阴极）相接，然后用红表笔依次去触碰数码管的其他引脚，触到哪个引脚，哪个笔段就应发光。若触到某个引脚时，所对应的笔段不发光，则说明该笔段已经损坏。

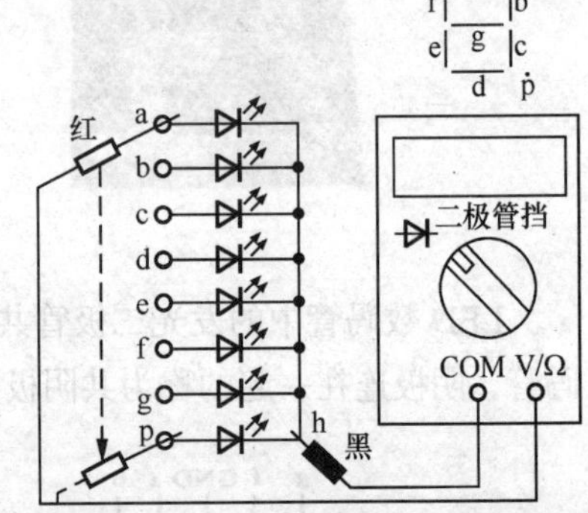

图4-10　检测已知引脚排列的LED数码管

（2）检测引脚排列不明的LED数码管。有些不注明型号，也不提供引脚排列图的数码管，可使用数字万用表方便地检测出数码管的结构类型、引脚排列以及全笔段发光性能。

下面举一实例，说明测试方法。一只LED数码管，发光颜色为红色，采用双列直插式，共10个引脚。

a. 将数字万用表置于二极管挡，红表笔接在①脚，然后用黑表笔去接触其他各引脚，只有当接触到⑨脚时，数码管的a笔段发光，而接触其余引出脚时则不发光。由此可知，被测管是共阴极结构类型，⑨脚是公共阴极，①脚则是LED发光段的阳极，可判别数码管的结构类型。检测接线如图4-11（a）段的引出脚。

b. 判别引脚排列。仍使用数字极管挡，将黑表笔固定接在⑨脚，用红表笔依次接触②、③、④、⑤、⑧、⑩、⑦脚时，数码管的f、g、e、d、c、b、p笔段先后分别发光，据此绘出该数码管的内部结构和引脚排列（面对笔段的一面），如图4-11（b）、（c）所示。

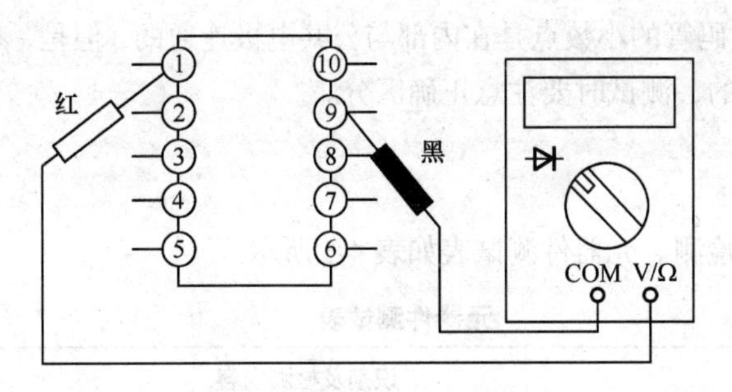

(a) 判别结构类型

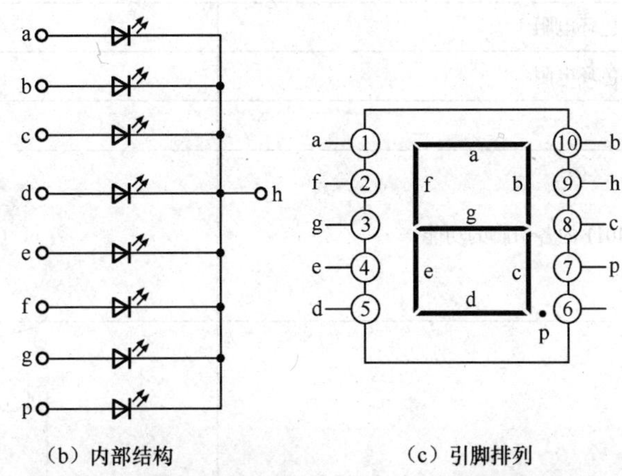

(b) 内部结构　　　　(c) 引脚排列

图 4-11　检测引脚排列不明的 LED 数码管的连线图

c. 检测全笔段发光性能。前两步已将被测 LED 数码管的结构类型和引脚排列测出。接下来还应该检测一下数码管的各笔段发光性能是否正常。检测接线如图 4-12 所示，将数字万用表置于二极管挡，把黑表笔固定接在数码管的公共阴极上（⑨脚），并把数码管的 a ~ p 笔段端全部短接在一起，然后将红表笔接触 a ~ p 的短接端，此时，所有笔段均应发光，显示出“8”字。

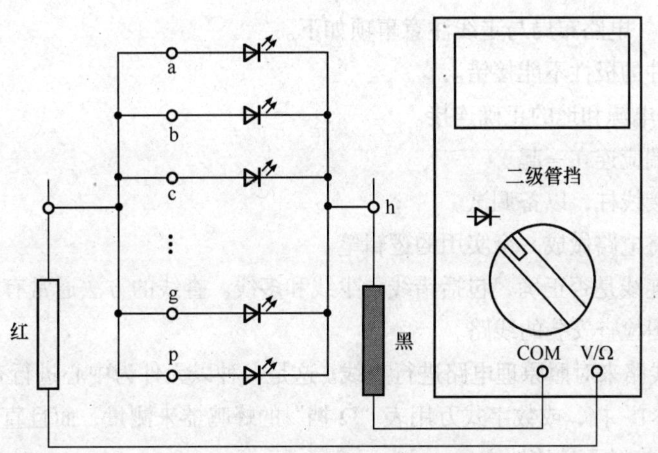

图 4-12　检测全笔段发光情况的接线图

在做上述测试时，应注意以下几点。

首先，检测中，若被测数码管为共阳极类型，则只有将红、黑表笔对调才能测出上述结果。特别是在判别结构类型时，操作时要灵活掌握，反复试验，直到找出公共电极（h）为止。

其次，大多数 LED 数码管的小数点是在内部与公共电极连通的，但是，有少数产品的小数点是在数码管内部独立存在的，测试时要注意正确区分。

四、安装调试

（1）元器件的识别与检测。元器件测试表如表 4-5 所示。

表 4-5　　元器件测试表

元　器　件	识别及检测内容	
电阻器 4 只	色环	标称值（含误差）
	棕黑黑（色环电阻）	100Ω
	棕绿黑（色环电阻）	150Ω
	标称电阻	68Ω
CD4011	识别 CD4011 的各引脚的功能	CD4011
数码管	标出数码管的管脚（在右框中画出数码管的外形图，且标出各管对应的数码）	g f 公共⊖ a b；10 6；a f g b e c h d；1 5；e d 公共⊖ c h

（2）安装焊接。电路布局与走线注意事项如下。

① 电子元器件的极性不能接错。

② CC4511 的电源和地的正确连接。

③ 所有接地端应连在一起。

④ 注意焊接接线柱，以备调试。

⑤ 可以考虑将电路做成一个实用的逻辑笔。

⑥ 检查电路连线是否正确，包括错线、少线和多线。查线的方法通常有两种。

a. 按照电路图检查安装的线路。

b. 按照实际线路来对照原理电路进行查线。这是一种以元件为中心进行查线的方法。最好用指针式万用表“Ω×1”挡，或数字式万用表“Ω 挡”的蜂鸣器来测量，而且直接测量元器件引脚，这样可以同时发现接触不良的地方。

⑦ 元、器件安装情况。检查元、器件引脚之间有无短路，连接处有无接触不良，电阻、集成电路和数码管是否连接有误。

若电路经过上述检查，并确认无误后，方可按调试操作程序进行通电调试。逻辑笔装配图如图 4-13 所示。

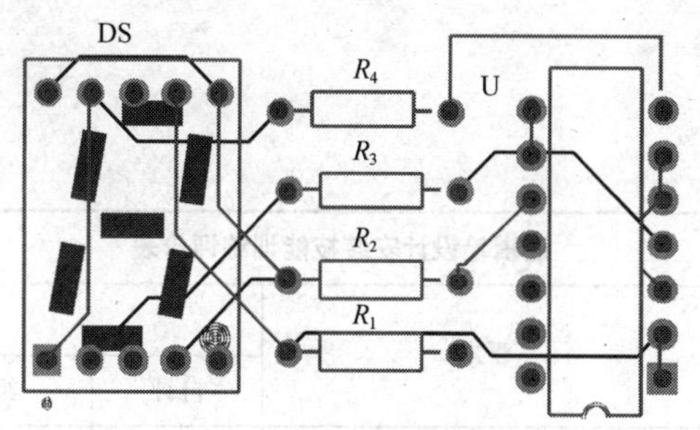

图 4-13 逻辑笔装配图

电路供电部分采用 6 V 直流电源供电，在调试时采用 4 节干电池供电。

五、故障分析

没能实现预想的功能，就要一个一个部分地检查，若哪一个功能不能实现，再根据故障分析和排除的方法，找出故障，排除故障。调试并不是一件易事，需要准确找到故障处，否则只能乱碰，而达不到效果。缩小范围的方法很实用，可以省去很大的工作量，大大提高了排障的效率。

先检查各芯片的电源和地是否接上，检查线路是否连好；前面的检查无问题后，再根据数码管的变化情况，确定可能的原因，分析是哪个功能模块出了问题，用数字万用表检查各模块的功能，发现并改正错误，直到符合要求为止。

技能考核

请将逻辑笔设计安装技能训练实训评分填入测评表中。

姓名	时间	成绩	
内容项目	考核要求	配分、评分	评分标准
元件识别	识别正确、选用无误	10	每错一处扣 5 分
装配焊接	电路安装正确、完整，装配正确	15	（1）不按要求正确安装扣 10 分 （2）器件安装不牢固，不整齐不合理每处扣 3 分 （3）损坏器件扣 15 分 （4）接点不符合要求，每个接点扣 1 分 （5）损坏导线绝缘或线芯，每根扣 5 分 （6）漏接接地线扣 10 分
	元件无损	5	
	布局合理	15	
	接线规范，布线横平竖直，牢固无虚焊	20	
调试	通电成功	10	不成功扣 10 分
测量	会用仪器	15	每错一处扣 5 分
安全生产	不能违反安全生产规定	10	每违规一项扣 5 分
额定时间	每超过 5 min 扣 5 分	得分	

学习评价

逻辑笔设计安装技能训练评价表

项目内容	要求	评定			
		自评	组评	师评	总评
能理解分析逻辑笔原理图（10 分）	A. 很好 B. 一般 C. 不理想				
能认识并会检测数码管和 CD4011 集成块（20 分）	A. 能 B. 有点模糊 C. 不能				
能按正确的操作步骤完成逻辑笔的安装与调试（30 分）	A. 能 B. 基本能 C. 不能				
能独立完成实训报告的填写（10 分）	A. 能 B. 基本能 C. 不能				
能请教别人、参与讨论并解决问题（10 分）	A. 很好 B. 一般 C. 没有				
上进心、责任心（协作能力、团队精神）的评价（20 分）	个人情感能力在活动中起到的作用：A. 很大 B. 不大 C. 没起到				
合 计					

学生在任务完成过程中遇到的问题

问题记录	
	1.
	2.
	3.
	4.

知识拓展

电路制作与调试规范及常见故障检查方法

1. 布线原则

首先，应便于检查、排除故障和更换器件。

在数字电路制作过程中，由错误布线引起的故障常占很大比例。布线错误不仅会引起电路故障，严重时甚至会损坏器件，因此，注意布线的合理性和科学性是十分必要的，正确的布线原则大致有以下几点。

（1）接插集成电路芯片时，先校准两排引脚，使之与实验地板上的插孔对应，轻轻用力将芯片插上，然后再确定引脚与插孔完全吻合后，再稍用力将其插紧，以免集成电路的引脚弯曲、折断或者接触不良。

（2）不允许将集成电路芯片方向插反，一般 IC 的方向是缺口（或标记）朝左，引脚序号从左下方的第一个引脚开始，按逆时针方向的一次递增至左上方的第一个引脚。

（3）导线应粗细适当，一般选取直径为 0.6～0.8mm 的单股导线，最好采用各种色线以区别不同用途，如电源线用红色，地线用黑色。

（4）布线应有秩序地进行，随便乱接容易造成漏接、错接，较好的方法是接好固定电平点，如电源线、地线、门电路闲置输入端、复位端等，再按信号源的顺序从输入到输出依次布线。

（5）联机应避免过长，避免从集成器件上方跨接，避免过多的重叠交错，以利于布线、更换元器件以及故障检查和排除。

（6）当电路的规模较大时，应注意集成元器件的合理布局，以便得到最佳布线，布线时，顺便对单个集成器件进行功能测试。这是一种良好的习惯，实际上这样做不会增加布线工作量。

（7）应当指出，布线和调试工作是不能截然分开的，往往需要交替进行，对元器件很多的大型电路，可将总电路按其功能划分为若干相对独立的部分，逐个布线、调试（分调），然后将各部分连接起来（联调）。

2. 故障检查

电路不能完成预定的逻辑功能时，就称电路有故障，产生故障的原因大致可以归纳为以下 4 个方面。

① 操作不当，如布线错误等。

② 设计不当，如电路出现险象等。

③ 元器件使用不当或功能不正常。

④ 仪器（主要指数字电路试验箱）和集成器件本身出现故障。

因此，上述 4 点应作为检查故障的主要线索，以下介绍几种常见的故障检查方法。

（1）查线法。由于大部分故障是由于布线错误引起的，应着重注意有无漏线、错线，导线与插孔接触是否可靠，集成电路是否插牢，集成电路是否插反等。

（2）观察法。用万用表直接测量各集成块的电源端是否加上电源电压；输入信号、时钟脉冲等是否加到实验电路上，观察输入端有无反应。重复测试观察故障现象，然后对某一故障状态，用万用表测试各输入、输出端的直流电平，从而判断出是否是插座板、集成块引脚连接线等原因造成的故障。

（3）信号注入法。在电路的输入端加上特定信号，观察该级输出响应，从而确定该级是否有故障，必要时可以切断周围联机，避免相互影响。

信号注入法检测一般分两种。一种是顺向寻找法，就是把电信号加在电路的输入端，然后再利用示波器或电压表测量各级电路的波形和电压等，从而判断故障出在哪个部位；另一种是逆向检查法，就是把示波器和电压表接在输出端上，然后从后向前逐级加信号，从而查出问题所在。

在没有信号发生器的情况下，可采用杂波注入法，具体操作方法是：用手握着螺丝刀或镊子的金属部分，从后向前依次去触碰放大器各级输入端，将由于人体感应所产生的瞬时杂波信号输入给放大器各级输入端，同时用机器自身的扬声器、显像管监测，通过比较也可以估测出各级放大器是否正常工作。

（4）信号寻迹法。在电路的输入端加上特定信号，按照信号流向逐级检查是否有响应和是否正确，必要时可多次输入不同信号。

（5）替换法。替换法又被称为万能检查法。它是一种运用质量可靠的元器件代替怀疑有故障的部件的检查方法。对于多输入端器件，如有多余端，则可调换另一输入端试用，必要时可更换器件，以检查器件功能不正常所引起的故障。

一般遇到下述情况时可采用替换法。

① 用万用表很难检查其好坏的元件。如小容量（0.01μF 以下）电容器容量减退或内部断路、线圈局部短路、磁头不良、磁棒老化等。

② 某些元器件在静态时测量是好的，一加电即坏，如晶体二极管、三极管、电解电容器等。

③ 工作一段时间后才能出现故障的元件。

替换检查法应注意：严禁大面积地采用替换实验法，胡乱取代；替换法一般是在其他检测方法运用后，对某个元件有重大怀疑时才采用；对于采用微处理器的系统还应注意先排除软件故障，然后才能进行硬件检测和替换。

（6）动态逐线跟踪检查法。对于时序电路，可输入时钟信号，按信号流向依次检查各级波形，直到找出故障点为止。

（7）断开回馈线检查法。对于各种回馈线的闭合电路，应该设法断开回馈线进行检查，或进行状态预置后再进行检查。

以上检查故障的方法是在仪器工作正常的前提下进行的。如果电路功能测不出来，则应先首先检查供电情况；若电源电压已加上，便可把有关输出端直接接到 0-1 显示器上检查；若逻辑开关无输出，或单次 CP 无输出，则是开关接触不好或是集成器件的内部电路损坏了。

需要强调的是，经验对于故障检查是大有帮助的，但只要充分预习，掌握基本理论和实验原理，也不难用逻辑思维的方法较好地判断和排除故障。

项目五

三人表决器的设计与制作

知识目标

- ◉ 掌握基本逻辑运算法则及表示方法
- ◉ 掌握组合逻辑电路的运算法则
- ◉ 学会组合逻辑电路的分析与设计
- ◉ 掌握组合逻辑电路的设计方法

技能目标

- ◉ 能分析简单组合逻辑电路的功能
- ◉ 能根据任务要求设计组合逻辑电路
- ◉ 会根据原理电路选择所需元器件，并作简易检测。
- ◉ 能按工艺要求正确安装电路，并作简单调试。
- ◉ 能按照安全规范标准进行规范操作

工作任务

在数字逻辑电路中，基本逻辑关系为与、或、非 3 种，实现这 3 种逻辑功能的电路称为与门电路、或门电路和非门电路，简称与门、或门、非门。现在要根据本节课所学知识做了个三人表决器，一起加油吧。

想知道它们是怎么工作的吗？一起来学一学吧。

实施细则

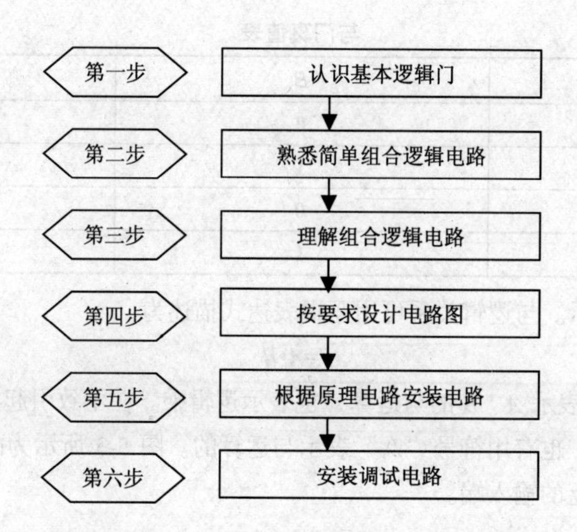

相关知识

一、基本门电路

1. 与门

（1）与逻辑关系。在逻辑问题中，如果决定某一事件发生的多个条件必须同时具备事件才能发生，则称这种因果关系为与逻辑。例如，在图 5-1 所示电路中，开关 A 和 B 串联控制灯 Y。显然，仅当两个开关均闭合时（条件），灯才能亮（结果）；否则，灯灭。

（2）与门电路。实现与逻辑关系的电路称为与门电路，如图 5-2 所示的是最简单的二极管与门电路。A、B 是它的两个输入端，Y 是输出端。也可以认为 A、B 是它的两个输入变量，Y 是输出变量。假设输入信号低电平为 0 V，高电平为 3 V，按输入信号的不同可有下述几种情况（忽略二极管正向压降）。

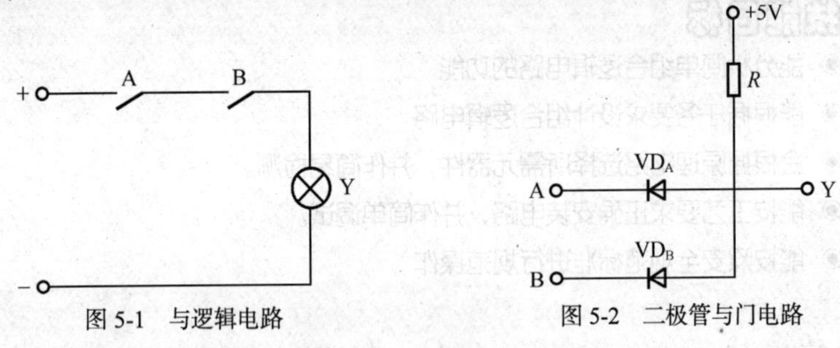

图 5-1　与逻辑电路　　　　图 5-2　二极管与门电路

① 输入端全为高电平，VD_A、VD_B 均导通，则输出电压 V_Y=3 V。

② 输入端有一个或两个为低电平。例如，V_A=0 V，V_B=3 V 时，VD_A 先导通，这时承受反向电压而截止，输出电压 V_Y=0 V。

可见，只有当输入端 A、B 全为高电平 1 时，才输出高电平 1；否则输出端均为低电平 0，这合乎与门的要求。

将逻辑电路所有可能的输入变量和输出变量间的逻辑关系列成表格，如表 5-1 所示，称为真值表。

表 5-1　　与门真值表

A	B	Y
0	0	0
0	1	0
1	0	0
1	1	1

（3）与逻辑关系表示。与逻辑关系可用逻辑表达式描述为

$$Y=A\cdot B \tag{5-1}$$

式中，小圆点“•”表示 A、B 的与运算，也表示逻辑乘。在不致引起混淆的前提下，“•”常被省略。在某些文献中，也有用符号“∧”表示与运算的。图 5-3 所示为两输入端的与门逻辑符号。与门也可有两个以上的输入端。

门电路的逻辑关系也可以用波形图来描述，如图 5-4 所示。

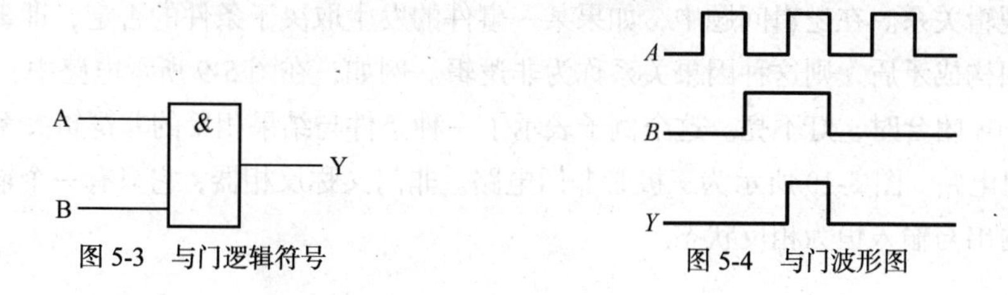

图 5-3　与门逻辑符号　　图 5-4　与门波形图

2. 或门

（1）或逻辑关系。在逻辑问题的描述中，如果决定某一事件发生的多个条件中，只要有一个或一个以上条件成立，事件便可发生，则称这种因果关系为或逻辑。例如，在图 5-5 所示电路中，开关 A 和 B 并联控制灯 Y。可以看出，当开关 A、B 中有一个闭合或者两个均闭合时，灯 Y 即亮。因此，灯 Y 与开关 A、B 之间的关系是或逻辑关系。

（2）或门电路。实现或逻辑关系的电路称为或门电路。如图 5-6 所示是最简单的二极管或门电路。A、B 是它的两个输入端，Y 是输出端。采用与门电路同样的分析方法，对不同的输入组合，得出或门电路的真值表，如表 5-2 所示。

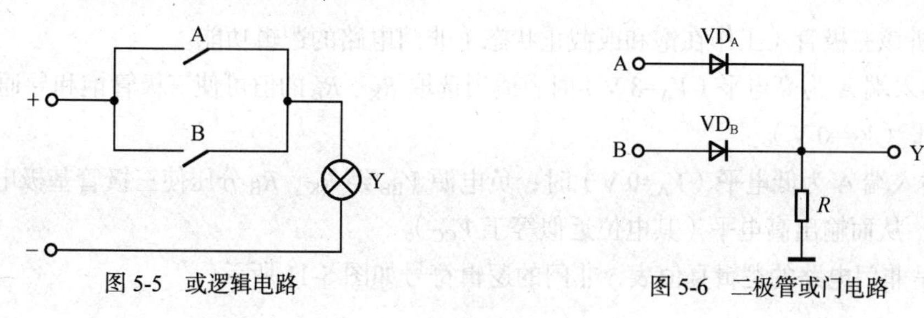

图 5-5　或逻辑电路　　图 5-6　二极管或门电路

表 5-2　　或门真值表

A	*B*	*Y*
0	0	0
0	1	1
1	0	1
1	1	1

从表 5-2 中可知，输入变量只要有一个为 1 时，输出就为 1；只有输入全为 0，输出才为 0。

（3）或逻辑关系表示。或逻辑关系用逻辑表达式描述为

$$Y=A+B \tag{5-2}$$

其中，“+”号表示逻辑或而不是算术运算中的加号。某些文献中也用“∨”表示或运算。图 5-7 所示为两输入端的或门逻辑符号。或门也可有两个以上的输入端。或门电路的逻辑关系也可用波形图来描述，如图 5-8 所示。

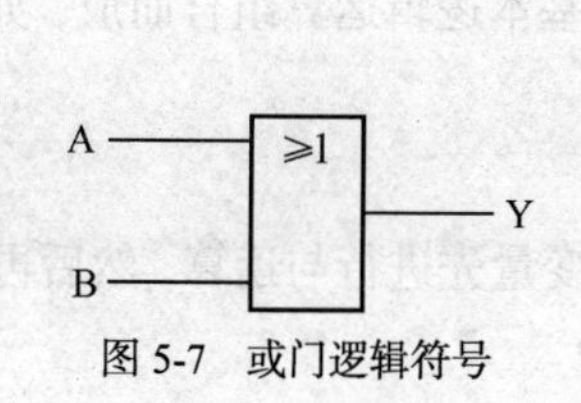

图 5-7　或门逻辑符号

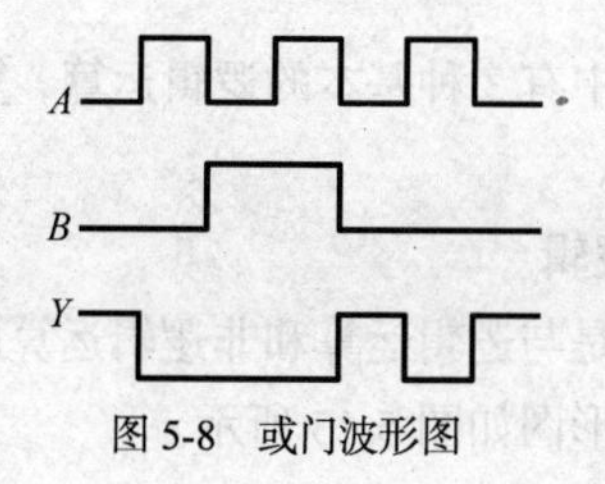

图 5-8　或门波形图

3. 非门

（1）非逻辑关系。在逻辑问题中，如果某一事件的发生取决于条件的否定，即事件与事件发生的条件之间构成矛盾，则这种因果关系称为非逻辑。例如，在图 5-9 所示电路中，当开关 A 断开时，灯亮；A 闭合时，灯不亮。这个例子表示了一种条件与结果相反的非逻辑关系。

（2）非门电路。图 5-10 所示为三极管非门电路。非门又称反相器，它只有一个输入端和一个输出端，其输出与输入恒为相反状态。

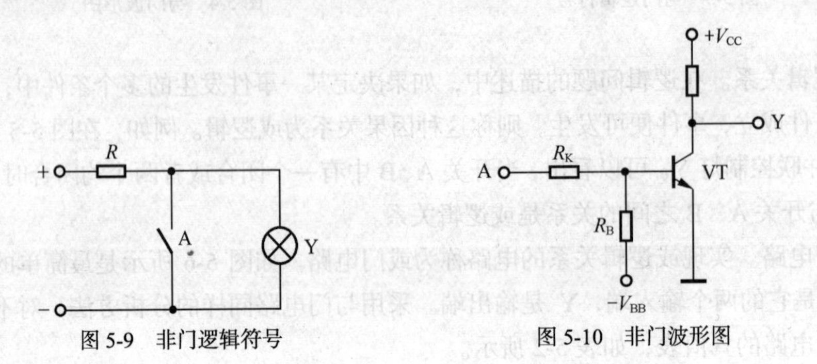

图 5-9　非门逻辑符号　　图 5-10　非门波形图

下面分析该三极管（工作在饱和或截止状态）非门电路的逻辑功能。

① 当输入端 A 为高电平（V_A=3 V）时，适当选取 R_K、R_B 的值可使三极管饱和导通，其集电极输出低电平（V_Y=0 V）。

② 当输入端 A 为低电平（V_A=0 V）时，负电源 V_{BB} 经 R_K、R_B 分压使三极管基极电位为负，三极管截止，从而输出高电平（其电位近似等于 V_{CC}）。

表 5-3 是非门电路的逻辑真值表，非门的逻辑符号如图 5-11 所示。

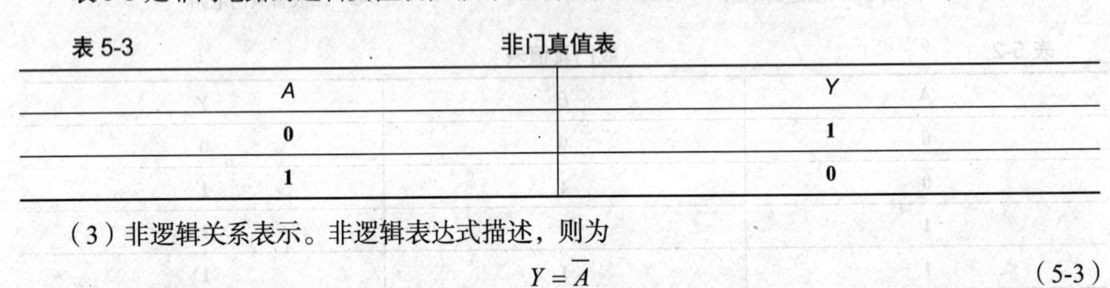

表 5-3　　非门真值表

A	*Y*
0	1
1	0

（3）非逻辑关系表示。非逻辑表达式描述，则为

$$Y=\overline{A} \tag{5-3}$$

它可和图 5-12 所示的波形图相对照。

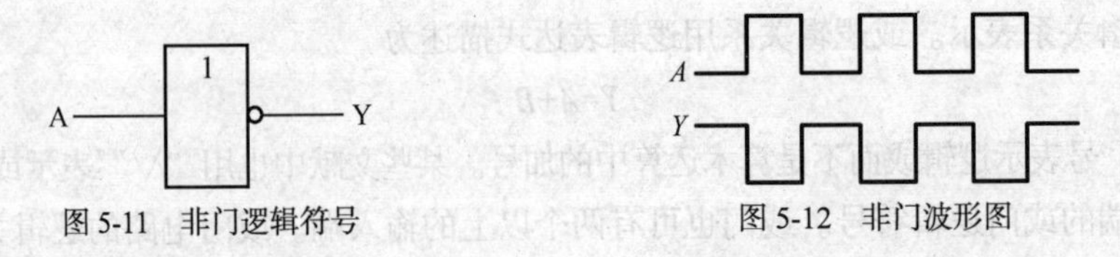

图 5-11　非门逻辑符号　　图 5-12　非门波形图

二、常用的组合逻辑

逻辑代数中有 3 种基本的逻辑运算，复合逻辑运算由基本逻辑运算组合而成，如与非、或非、同或和异或等。

1. 与非逻辑

与非逻辑是与逻辑运算和非逻辑运算的复合，将输入变量先进行与运算，然后再进行非运算。逻辑符号及波形图如图 5-13 所示。

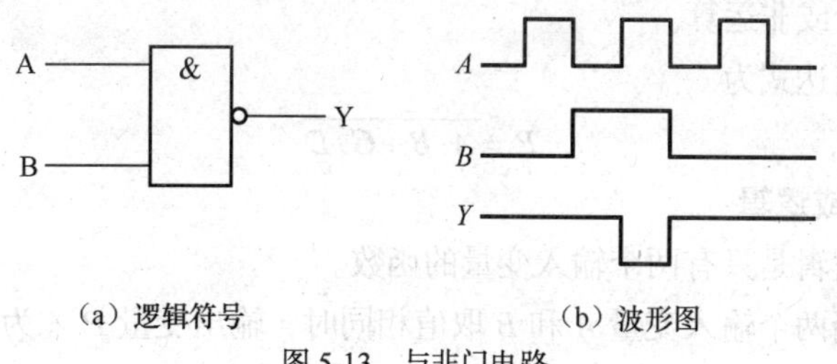

图 5-13 与非门电路

与非门的逻辑功能是：只要输入变量中有一个为 0，输出就为 1；只有输入变量全部为 1 时，输出才为 0，这种运算关系称为与非运算。与非门真值表如表 5-4 所示。

表 5-4 与非门真值表

A	*B*	*Y*
0	0	1
0	1	1
1	0	1
1	1	0

2. 或非逻辑

或非门的逻辑符号及波形图如图 5-14 所示。

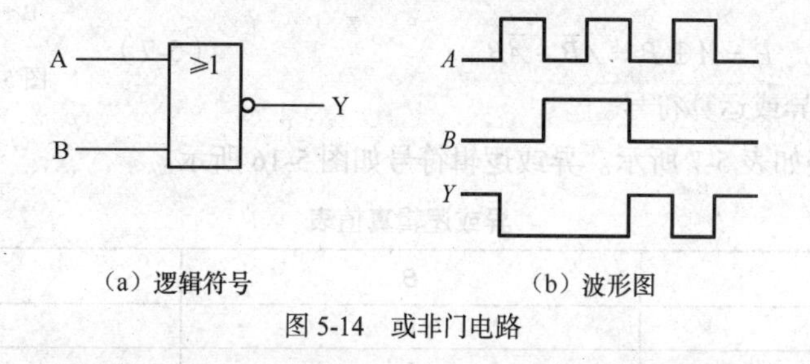

图 5-14 或非门电路

或非门的逻辑功能是：输入全为 0，输出才为 1；只要有一个输入为 1，输出就为 0，这种运算关系称为或非运算。或非门真值表如表 5-5 所示。

表 5-5 或非门真值表

A	*B*	*Y*
0	0	1
0	1	0
1	0	0
1	1	0

或非门的逻辑功能用逻辑表达式描述则为

$$Y = \overline{A + B} \tag{5-4}$$

或非门也可有两个或两个以上的输入端。

3. 与或非逻辑

与或非逻辑是与逻辑运算和或非逻辑运算的复合。它是先将输入变量 *A*、*B* 及 *C*、*D* 分别进行与运算，然后再进行或非运算。

与或非门的逻辑表达式为

$$P = \overline{A \cdot B + C \cdot D} \tag{5-5}$$

4. 同或逻辑和异或逻辑

同或逻辑和异或逻辑是只有两个输入变量的函数。

（1）同或运算。当两个输入变量 A 和 B 取值相同时，输出变量 P 才为 1，否则 P 为 0，这种逻辑关系称为同或运算。其逻辑表达式为

$$Y = A \odot \mathrm{B} = \overline{A}\overline{B} + AB \tag{5-6}$$

其中，"⊙"符号是同或运算符号。

同或运算真值表，如表 5-6 所示。同或逻辑符号如图 5-15 所示。

表 5-6　　同或逻辑真值表

A	*B*	*P*
0	0	1
0	1	0
1	0	0
1	1	1

（2）异或运算。只有当两个输入变量 A 和 B 的取值不同时，输出 P 才为 1，否则 P 为 0，这种逻辑关系称为异或运算。其逻辑表达式为

$$P = A \oplus B = A\overline{B} + \overline{A}B \tag{5-7}$$

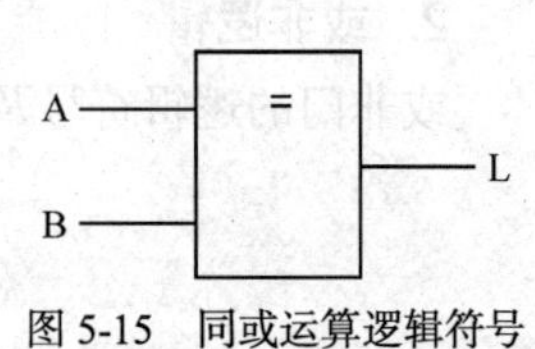

图 5-15　同或运算逻辑符号

其中，"⊕"是异或运算符号。

异或运算真值表如表 5-7 所示。异或逻辑符号如图 5-16 所示。

表 5-7　　异或逻辑真值表

A	*B*	*P*
0	0	0
0	1	1
1	0	1
1	1	0

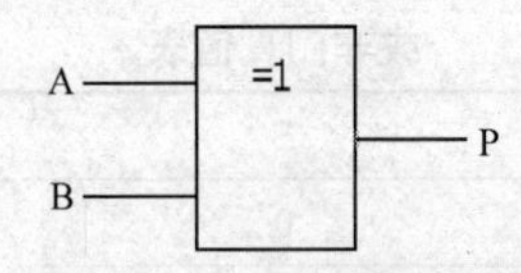

图 5-16　异或运算逻辑符号

由以上分析可见，同或与异或逻辑正好相反，有时又将同或逻辑称为异或非逻辑。逻辑符号汇总图，如图 5-17 所示。

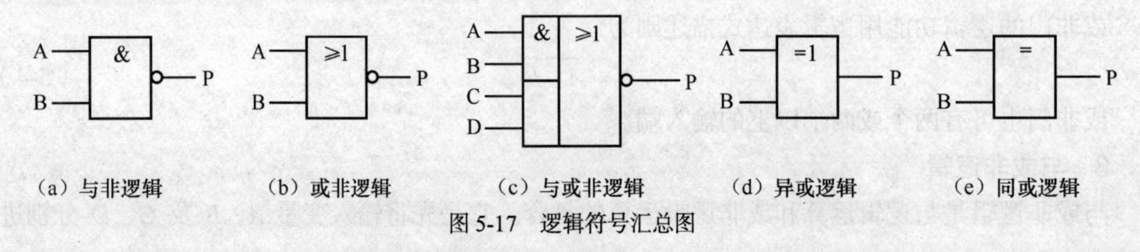

图 5-17　逻辑符号汇总图

三、组合逻辑电路

数字电路根据逻辑功能的不同特点，可以分成两大类，一类叫做组合逻辑电路（简称组合电路），另一类叫做时序逻辑电路（简称时序电路）。组合逻辑电路在逻辑功能上的特点是任意时刻的输出仅仅取决于该时刻的输入，与电路原来的状态无关；而时序逻辑电路在逻辑功能上的特点是任意时刻的输出不仅取决于当时的输入信号，而且还取决于电路原来的状态，或者说，还与以前的输入有关。

1. 组合逻辑电路原理

组合逻辑电路是指在任何时刻，输出状态只决定于同一时刻各输入状态的组合，而与电路以前状态以及其他时间的状态无关。组合逻辑电路的特点归纳如下。

① 输入、输出之间没有反馈延迟通道。

② 电路中无记忆单元。

对于第一个逻辑表达公式或逻辑电路，其真值表可以是唯一的，但其对应的逻辑电路或逻辑表达式可能有多种实现形式，因此，一个特定的逻辑问题，其对应的真值表是唯一的，但实现它的逻辑电路是多种多样的。在实际设计工作中，如果由于某些原因无法获得某些门电路，可以通过变换逻辑表达式变电路，从而能使用其他器件来代替该器件。同时，为了使逻辑电路的设计更简洁，通过各方法对逻辑表达式进行化简是必要的。设计组合电路就是实现逻辑表达式的功能，并要求在满足逻辑功能和技术要求的基础上，力求使电路简单、经济、可靠。实现组合逻辑函数的途径是多种多样的，可采用基本门电路，也可采用中、大规模集成电路。

其一般设计步骤如下。

① 根据电路功能的文字描述，将其输入与输出的逻辑关系用真值表的形式列出。

② 通过逻辑化简，将真值表写出最简的逻辑函数表达式。

③ 选择合适的门器件，把最简的表达式转换为相应的表达式。

④ 根据表达式画出该电路的逻辑电路图。

⑤ 最后一步进行实物安装调试，这是最终验证设计是否正确的手段。

2. 组合逻辑电路分析

组合逻辑电路分析实际上是根据逻辑图写出其逻辑表达式和真值表，并据此归纳出其逻辑功能。理论上讲，其分析过程并不难，但要说明其具体的功能，则与平时的知识积累密不可分。

组合逻辑电路的分析可分为以下几步。

① 分别用代号标出每一级的输出端。

② 根据逻辑关系写出每一级输出端对应的逻辑关系表达式；并一级一级向下写，直至写出最终输出端的表达式。

③ 列出最初输入状态与最终输出状态输出的真值表（注意：输入、输出变量的排列顺序可能会影响其结果的分析，一般按 ABC 或 F3F2F1 的顺序排列）。

④ 根据真值表或表达式分析出逻辑电路的功能。

3. 逻辑代数基本公式与规则

逻辑代数中的基本公式如表 5-8 所示。

表 5-8　　逻辑代数基本公式表

公式名称	公式	公式
0-1 律	$A\cdot 0=0$	$A+1=1$
自等律	$A\cdot 1=A$	$A+0=A$
等幂律	$A\cdot A=A$	$A+A=A$
互补律	$A\cdot \overline{A}=0$	$A+\overline{A}=1$
交换律	$A\cdot B=B\cdot A$	$A+B=B+A$
结合律	$A\cdot(B\cdot C)=(A\cdot B)\cdot C$	$A+(B+C)=(A+B)+C$
分配律	$A(B+C)=AB+AC$	$A+BC=(A+B)(A+C)$
吸收律 1	$(A+B)(A+\overline{B})=A$	$AB+A\overline{B}=A$
吸收律 2	$A(A+B)=A$	$A+AB=A$
吸收律 3	$A(\overline{A}+B)=AB$	$A+\overline{A}B=A+B$
多余项定律	$(A+B)(\overline{A}+C)(B+C)=(A+B)(\overline{A}+C)$	$AB+\overline{A}C+BC=AB+\overline{A}C$
求反律	$\overline{AB}=\overline{A}+\overline{B}$	$\overline{A+B}=\overline{A}\cdot\overline{B}$
否否律	$\overline{\overline{A}}=A$	

实践操作

三人表决器的逻辑功能是：表决结果与多数人意见相同。

设 $X0$、$X1$、$X2$ 为 3 个人（输入逻辑变量），赞成为 1，不赞成为 0；$Y0$ 为表决（输出逻辑变量），多数赞成 $Y0$ 为 1，否则，$Y0$ 为 0。其真值表如表 5-9 所示。

表 5-9　　三人表决器逻辑真值表

A	*B*	*C*	*Y*
0	0	0	0
0	0	1	0
0	1	0	0
0	1	1	1
1	0	0	0
1	0	1	1
1	1	0	1
1	1	1	1

由真值表写出逻辑表达式并化简得：

$$Y=AB+BC+AC$$

1. 设计原理与思路

通过输入高低电平来控制发光二极管，高低电平的输入通过按键来实现，同意则合上按键输入高电平（5 V）表示 1，不同意则不合上按键输入低电平（接地）表示 0，两人或两人以上同意灯亮否则不亮。

2. 元件清单

元件清单如表 5-10 所示。

表 5-10　元件清单

序　号	元　件	参　数	数　量
1	电阻 R_1	2kΩ	4 个
2	发光二极管	—	1 个
3	按钮	—	3 个
4	74LS00D 芯片	—	2 块

74LS00D 芯片由 4 个两输入的与非门电路和接地及电源端构成，如图 5-18 所示。各引脚的功能为：1、2、4、5、9、10、12、13 为与非门电路的输入端，3、6、8、11 为与非门电路的输出端，7 为接地端、14 为电源端。

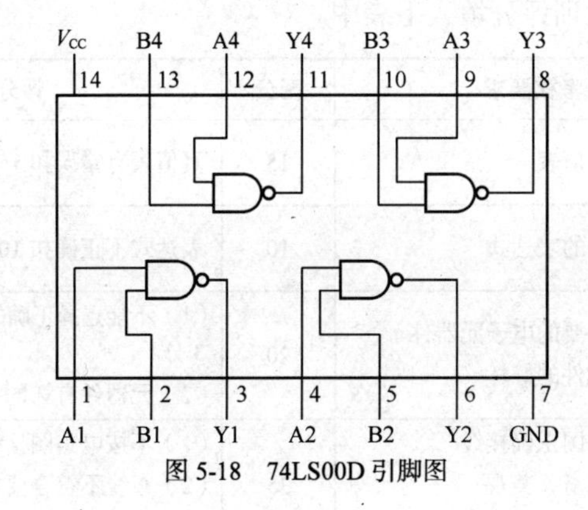

图 5-18　74LS00D 引脚图

3. 逻辑电路图

逻辑电路图如图 5-19 所示。

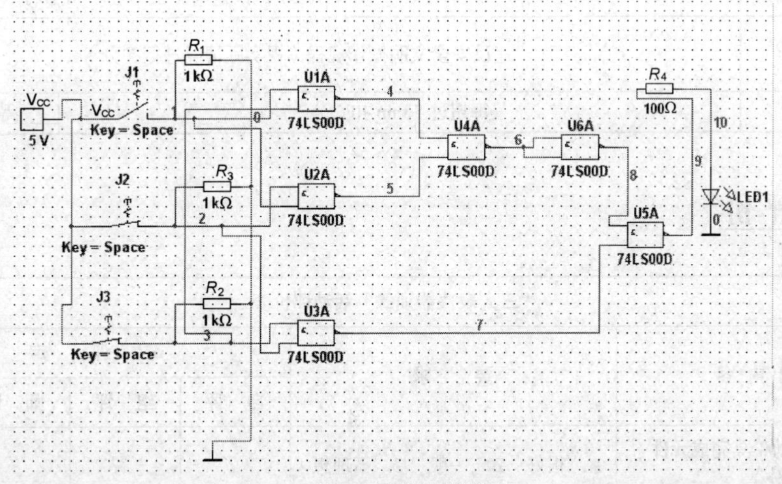

图 5-19　逻辑电路图

4. 装配图

装配图如图 5-20 所示。

图 5-20　装配图

5. 电路的调试

技能考核

请将三人表决器训练实训评分填入下表中。

序号	项目	考核要求	配分	评分标准	得分
1	功能理解	正确写出真值表	15	真值表有错误扣 15 分	
2	真值表的整理	化简出正确的表达式	10	表达式不正确扣 10 分	
3	元件检测	（1）选择需要的电子元器件 （2）检测元件的好坏	20	（1）不能选择正确的电子元器件一个口 3 分 （2）元器件有坏的一个口 2 分	
4	焊接电路	（1）按电路图正确接线 （2）焊点光滑，美观 （3）接好电源	35	（1）不按电路图接线扣 25 分 （2）布线不符合要求扣 4 分 （3）焊点不符合要求，每个接点扣 1 分	
5	通电调试		20	（1）一次通电调试不成功扣 10 分 （2）两次通电调试不成功扣 20 分	
安全文明操作		违反安全文明操作规程（视实际情况进行扣分）			
额定时间		每超过 5 min 扣 5 分		得分	

学习评价

“三人表决器训练”活动评价表

项 目 内 容	要　求	评　定			
		自 评	组 评	师 评	总 评
能正确使用辅助工具完成元件整形任务（10 分）	A. 很好　B. 一般　C. 不理想				
能分析电路工作原理及故障原因（10 分）	A. 能　B. 有点模糊　C. 不能				

续表

"三人表决器训练"活动评价表

<table>
<tr><th rowspan="2">项 目 内 容</th><th rowspan="2">要　求</th><th colspan="4">评　定</th></tr>
<tr><th>自 评</th><th>组 评</th><th>师 评</th><th>总 评</th></tr>
<tr><td>能按正确的操作规范完成元件测量、电压及波形测量（20分）</td><td>A. 能　B. 基本能　C. 不能</td><td></td><td></td><td></td><td></td></tr>
<tr><td>能按要求完成电路装配及通电试验（30分）</td><td>A. 能　B. 基本能　C. 不能</td><td></td><td></td><td></td><td></td></tr>
<tr><td>能独立完成实训报告的填写（10分）</td><td>A. 能　B. 基本能　C. 不能</td><td></td><td></td><td></td><td></td></tr>
<tr><td>能请教别人、参与讨论并解决问题（10分）</td><td>A. 很好　B. 一般　C. 没有</td><td></td><td></td><td></td><td></td></tr>
<tr><td>上进心、责任心（协作能力、团队精神）的评价
（10分）</td><td>个人情感能力在活动中起到的作用：A. 很大 B. 不大 C. 没起到</td><td></td><td></td><td></td><td></td></tr>
<tr><td colspan="2">合　计</td><td></td><td></td><td></td><td></td></tr>
<tr><td colspan="6">学生在任务完成过程中遇到的问题</td></tr>
<tr><td rowspan="2">问题记录</td><td colspan="5">1.</td></tr>
<tr><td colspan="5">2.</td></tr>
</table>

知识拓展

一、认识 Proteus

1. Proteus ISIS 各窗口简介

Proteus ISIS 界面图如图 5-21 所示。

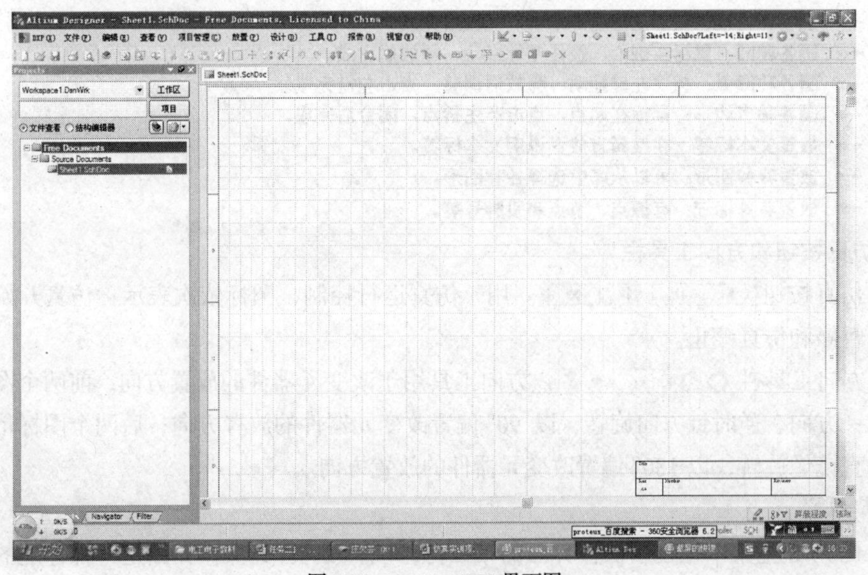

图 5-21　Proteus ISIS 界面图

（1）原理图编辑窗口。该窗口是用来放置元器件，进行连线绘制原理图的。蓝色方框内为可编辑区，元件要放到其内部。注意，这个窗口是没有滚动条的，可用预览窗口来改变原理图的可视范围。

（2）预览窗口。预览窗口可显示两部分内容，一为元件或虚拟仪器等的预览图；二为整张原理图的缩略图，并会显示一个蓝色的方框和一个绿色的方框。蓝色的方框表示当前页的边界；绿色的方框里面的内容就是当前原理图编辑窗口中显示的内容，因此，可用鼠标在它上面点击来改变绿色的方框的位置，从而改变原理图的可视范围。

（3）对象选择器窗口。对象选择器窗口用来选择元器件、终端、图表、信号源和虚拟仪器等。当选择不同对象时，对象选择器窗口给出相应的列表，同时预览窗口显示相应地图标。

2. 模式选择工具栏

（1）选择原理图对象的放置模式。

→ 选择模式：用于即时编辑元件参数，先单击该图标再单击要修改的元件。
→ 选择元件模式：选中器件，在编辑窗口移动鼠标，单击左键放置器件。
→ 放置连接点模式：当两连线交叉时，放置一个节点表示连通。
→ 放置连线标号模式：使用总线时会用到，具有相同的标号的线是连通的。
→ 放置文字脚本模式：此内容是对电路的说明，与电路仿真无关。
→ 总线模式：用于绘制总线，当多线并行时为简化连线可用总线表示。
→ 子电路模式：用于绘制层次电路图。

（2）调试工具选择图标，选择放置仿真调试工具。

→ 终端接口：有 V_{CC}、地、输出和输入等接口。
→ 器件引脚：用于绘制各种引脚。
→ 仿真图表：用于各种分析，如模拟、数字和混合等。
→ 录音机：可以将声音记录成文件，也可回放。
→ 信号发生器：有直流、正弦和脉冲等信号源。
→ 电压探针：可显示网络线上的电压，图表仿真时用到。
→ 电流探针：可显示网络线上的电流，图表仿真时用到。
→ 虚拟仪表：有示波器、计数器和信号发生器等。

（3）2D 图形工具选择图标。

→ 画各种直线：有器件、引脚、端口和图形线等。
→ 画各种方框：按下鼠标左键拖动，释放后完成。
→ 画各种圆：鼠标在圆心，按住左键拖动，释放后完成。
→ 画各种圆弧：按住左键拖动，释放后调整，点击左键完成。
→ 画各种多边形：鼠标在起点，点击产生折点，闭合后完成。
→ 放置文本标签：在编辑窗放置说明文本标签。
→ 放置特种图形：可以从库中选择各种图形。
→ 放置特殊标记：有源点、节点和引脚号等。

3. 仿真按钮和方向工具栏

（1）仿真按钮 ▶ ⏯ ⏸ ■。用于仿真运行控制，图标依次表示：仿真开始、帧进仿真、仿真暂停和仿真停止。

（2）方向工具栏 C ↺ 0 ↔ ↕。方向工具用于改变元器件的放置方向，前两个图标依次表示：顺时针方向、逆时针方向旋转，以 90° 偏置改变元器件的放置方向；后两个图标依次表示：水平、垂直镜像旋转，以 180° 偏置改变元器件的放置方向。

4. 菜单栏

Proteus ISIS 主菜单栏位于操作界面的第二行，共有 12 项，其操作界面是一种标准的 Windows 界面。

5. 主工具栏

位于主菜单栏下面的两行即为主工具栏，均以图标形式给出。包括文件操作、显示命令、编辑操作和设计操作 4 个部分的常用命令。它们和主菜单中的一些命令是对应的，其目的是可以方便快捷地使用命令。4 个部分对应的命令图标如下。

（1）文件操作命令栏：。

（2）查看操作命令栏：。

（3）编辑操作命令栏：。

（4）设计操作命令栏：。

二、操作练习

1. 打开样例文件并运行仿真

单击运行原理图（ISIS 7 Professional）设计界面或双击桌面上的 ISIS 7 Professional 图标，打开应用程序。

单击弹出的“查看样例练习”会话框的“确定”（或单击菜单栏的“帮助/样例设计”） 则自动进入加载 ISIS 设计样例文件夹“SAMPLES”；双击其中的“Interactive Simulation”文件夹，再双击“Animated Circuits”文件夹，最后双击仿真样例文件“Caps02”将其打开。

“Caps02”文件打开后，单击仿真按钮，电路开始仿真。用鼠标左键分别单击开关 SW1 和 SW2 可观察电容充电和灯泡点亮等运行情况。分别按动仿真帧进按钮，仿真暂停按钮，仿真停止按钮，体会它们的作用。

2. 编辑区视野平移方法

用鼠标左键单击预览窗口，并移动鼠标可改变绿色方框的位置，则原理图编辑窗口中显示内容的位置跟随移动，当移动到合适的位置后，再次单击鼠标左键，则绿色方框和原理图编辑窗口中显示内容的位置固定。

鼠标放置在编辑区，按“F5”即可以以鼠标位置为中心显示图形。

单击工具栏图标，可显示整个图形。

单击工具栏图标，并在编辑区用鼠标画出方框，则显示所选方框区域内图形。

3. 仿真电路图的移动和缩放

将鼠标在编辑区时，上下滚动滚轮，则可看到以鼠标位置为中心缩放电路图大小，上滚放大、下滚缩小。

单击工具栏图标，也可以放大电路图大小。

单击工具栏图标，也可以缩小电路图大小。

将鼠标放置在编辑区，按快捷键“F6”或“F7” 即可以鼠标位置为中心，放大或缩小电路图大小。

4. 模式选择工具栏

停止仿真，用鼠标左键单击模式选择工具栏选择模式图标，然后将鼠标移到原理图编辑窗口双击电容器图形，弹出编辑元件会话框，在会话框中可对电容标号、电容值等进行修改。同理，可编辑修改其他元器件。如将电容值改为 1000μF 后，重新运行仿真，观察电容充电时间的变化。

用鼠标左键单击模式选择工具栏元件模式图标，对象选择器中将出现仿真电路所有元器件列表，单击列表中的某个元器件，预览窗口将出现该元器件图形。

用鼠标左键单击模式选择工具栏虚拟仪器模式图标，对象选择器中将出现仿真使用的虚拟仪器列表，单击列表中的某个虚拟仪器，预览窗口将出现该虚拟仪器图形。

仿照上述，进行模式选择工具栏的其他模式使用练习。

（1）主工具栏。

文件操作命令栏操作练习：。

查看操作命令栏操作练习：。

编辑操作命令栏操作练习：。

块复制功能图标：用鼠标左键选定区域（块），然后点击，并移动鼠标到合适位置后单击左键，则整个块被复制。

块移动功能图标：用鼠标选定一定区域（块），然后点击，并移动鼠标到合适位置后单击左键，则整个块被移动到新的位置。

以下两个图标分别为块旋转和块删除图标，其操作方法与上述类似，大家练习一下。

以下 4 个图标分别为从库中选取元器件（激活拾取元器件会话框，拾取仿真电路所需元器件，以便绘制电路）、创建器件（把原理图符号封装成元件）、封装工具（对选中的元器件定义 PCB 封装）和分解工具（将选中的元器件分解成原始组件）。

（2）主菜单栏。

主菜单中的一些常用命令和刚刚练习的主工具栏命令是对应的，可以帮助练习主菜单命令的使用，共有 12 项。

练习使用“模板”菜单，包括设置设计默认值、设置图形颜色、设置图形风格和设置文本风格等。

注意：一般无特殊需要，使用默认模板即可。

观察“系统（设置）”菜单，包括设置系统环境、路径、图纸尺寸、标注字体、热键、设置动画选项及仿真参数和模式等。单击“设置动画选项”弹出的会话框，将“Show Wire Voltage by Colour”和“Show Wire Current with Arrows”右边打上对钩，即选择导线以红、蓝两色表示电压的高低，以箭头表示电流的方向。在仿真时即可看到这个效果，试着练习一下。

练习使用“帮助”菜单，包括帮助信息、版权信息和样例设计等。

项目六

四人抢答器的制作

项目描述：抢答器是在各种益智游戏活动中常用的器材，其基本功能是实现对主持人提出的问题做出最快反应选手的判断。一般常用的是四路抢答器，抢答器同时供4名选手或4个代表队比赛，分别用4个按钮S0～S3表示，还设置一个系统清除和抢答控制开关S，该开关由主持人控制，一般的控制方法是对选手抢答实行优先锁存，优先抢答选手的编号一直保持到主持人将系统清除为止。四路抢答器的PCB板3D效果图如图6-1所示。

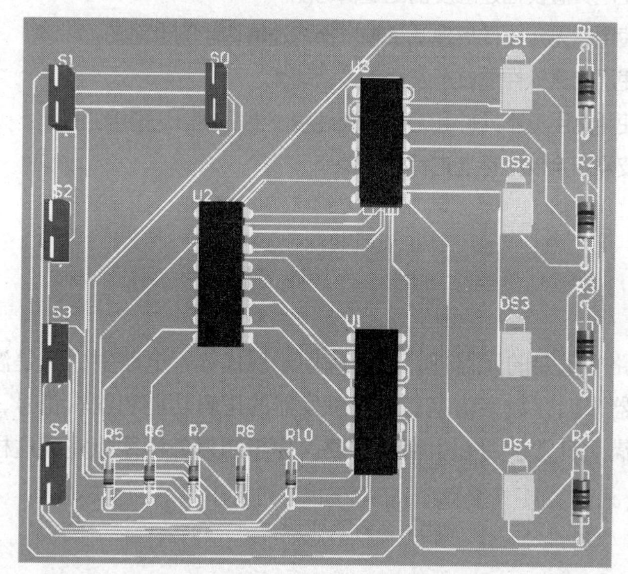

图6-1 用Protel2004做的四路抢答器的PCB板3D效果图

功能丰富的抢答器具有定时抢答功能，当主持人启动“开始”键后，定时器进行减计时，同时扬声器发出短暂的声响，声响持续时间一直到主持人清零为止。参赛选手在设定的时间内进行抢答，抢答有效，定时器停止工作，显示器上显示选手的编号和抢答的时间，并保持到主持人将系统清除为止。如果定时时间已到，无人抢答，本次抢答无效，系统报警并禁止抢答，定时显示器上显示0。

本项目的理论学习和实践操作，主要涉及具有记忆和存储功能的数字逻辑电路，触发器就是组成这类逻辑部件的基本单元。触发器都具备以下特点：具有0状态和1状态两个稳定的输出状态；在输入信号的作用下，触发器状态可以置成0状态或者是1状态；输入信号消失后，触发器将保持信号消失前的状态，即具有记忆功能。

通过本项目的实施，将学会常见的触发器的电路组成，掌握其逻辑功能，能使用集成触发器制作具有基本功能的四路抢答器（见图6-1），能使用仿真软件理解触发器的功能和实现对设计电路的仿真。

任务一　认识触发器

知识目标

- 理解 RS 触发器、JK 触发器和 D 触发器的逻辑符号
- 掌握 RS 触发器、JK 触发器和 D 触发器的逻辑功能
- 熟悉 RS 触发器、JK 触发器和 D 触发器的测试方法
- 熟悉常用集成触发器

技能目标

- 能使用真值表描述触发器的逻辑功能
- 能使用常见元器件搭建测试触发器的逻辑功能的电路图
- 能使用仿真软件测试触发器的逻辑功能
- 能使用常用基本元件和万能板搭建触发器的逻辑功能电路图
- 能按照安全规范标准进行规范操作

工作任务

触发器是数字电路中重要的元器件，广泛应用于现代数字电路中，凡是涉及数字信号处理的装置，无不采用触发器来储存数字信息。学习触发器的逻辑功能和逻辑符号，特别是设计具有一定逻辑功能的电路来满足日常学习和生活的需要。你想知道怎样才能完成这样的任务吗？一起来学一学，做一做吧。

实施细则

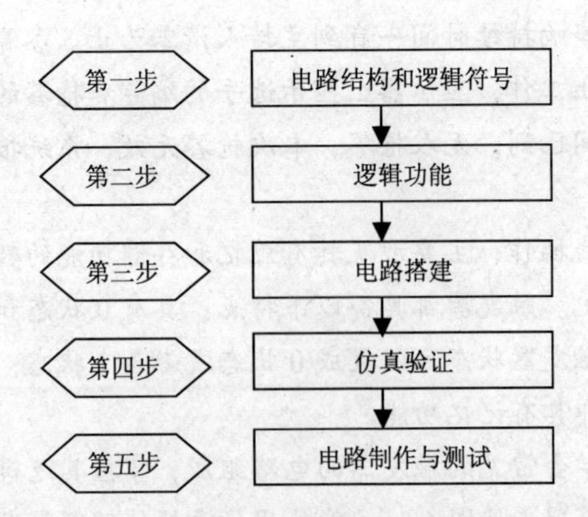

相关知识

触发器按结构的不同，可以分为两大类：一类是基本触发器，另一类是时钟触发器。

一、基本 RS 触发器

1. 基本 RS 触发器电路结构和逻辑符号

基本 RS 触发器是最简单、最基本的触发器，通常由两个逻辑门电路交叉相连而成。由两个与非门构成的基本 RS 触发器逻辑电路及其逻辑符号分别如图 6-2（a）、（b）所示，其中$\overline{R}$、$\overline{S}$是它的两个输入端，Q 与$\overline{Q}$是它的两个输出端。

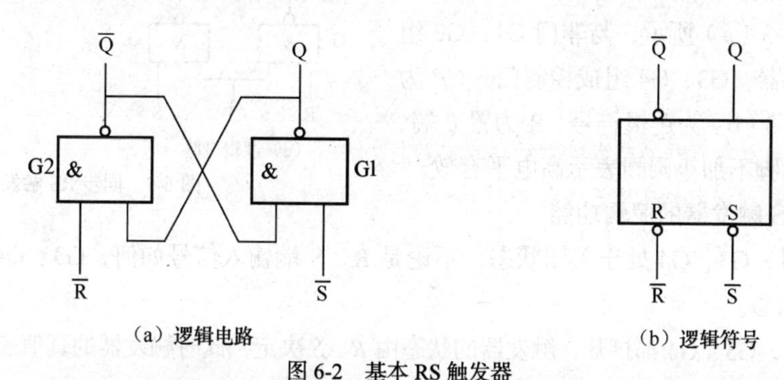

（a）逻辑电路　　（b）逻辑符号

图 6-2　基本 RS 触发器

2. 基本 RS 触发器的逻辑功能

通常规定以触发器的两个互补输出端中 Q 端的状态为触发器的状态。若 Q=1（Q^n=0），则称触发器处于 1 状态；反之，若 Q=0，称触发器为 0 状态。基本 RS 触发器的逻辑功能如表 6-1 所示。

表 6-1　基本 RS 触发器逻辑功能表

输入信号		输出状态		功能说明
		原状态	次状态	
$\overline{R}$	$\overline{S}$	Q^n	Q^{n+1}	逻辑功能
1	1	0	0	保持
		1	1	
0	1	0	0	置 0
		1	0	
1	0	0	1	置 1
		1	1	
0	0	0	不定（应避免）	
		1		

逻辑符号输出不带小圆圈的为 Q 端，Q^n 带有小圆圈，从字母标注和符号标识上说明了两个输出端的逻辑的互补特点。输入端都有小圆圈，从逻辑功能表中看出，当输入为 0 时，输出的状态发生改变，说明输入有效，因此在标注字母上加上短线，表示 0 有效，因此$\overline{R}$为置 0 端，$\overline{S}$为

置 1 端。当两个输入端输入都为 0 时，输出端均为 1；当两个输入从 0 同时转换为 1 时，由于电路的对称结构，触发器的状态有可能为 1，也有可能为 0，为逻辑不确定，不能实现对原状态的记忆作用，这种不定的状态应避免出现。

二、同步 RS 触发器

1. 同步 RS 触发器电路结构和逻辑符号

在数字电路中，通常由时钟脉冲 *CP* 来控制触发器按一定的节拍同步动作，即在时钟脉冲到来时输入触发信号才起作用。由时钟脉冲控制的 RS 触发器称为同步 RS 触发器，也称为钟控 RS 触发器。如图 6-3（a）所示，与非门 G1、G2 组成基本 RS 触发器，G3、G4 组成控制门，*CP* 为时钟脉冲。图 6-3（b）为逻辑符号，R 为置 0 端、S 为置 1 端，引脚不加小圆圈表示高电平有效。

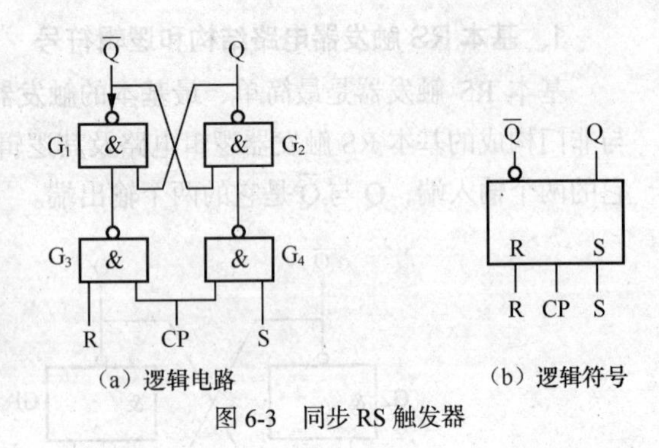

（a）逻辑电路　　（b）逻辑符号

图 6-3　同步 RS 触发器

2. 同步 RS 触发器的逻辑功能

当 *CP*=0 时，G3、G4 处于关闭状态，不论是 R、S 端输入信号如何，G3、G4 输出都为 1，触发器维持原状态。

当 *CP*=1 时，G3、G4 都打开，触发器的状态由 *R*、*S* 决定，此时触发器的真值表如表 6-2 所示。

表 6-2　同步 RS 触发器逻辑功能表

时　钟	输 入 信 号		输 出 信 号	功 能 说 明
CP	*R*	*S*	Q^{n+1}	逻辑功能
0	×	×	Q^n	保持
1	0	0	Q^n	保持
	0	1	1	置 1
	1	0	0	置 0
	1	1	不定（应避免）	

3. 集成触发器

集成触发器既有 TTL 集成时钟脉冲触发器，也有 CMOS 集成时钟脉冲触发器，虽然它们的内部结构有所不同，但是外部功能是相同的。

集成触发器的触发方式如下。时钟触发器的翻转必须在时钟脉冲作用时进行，而时钟脉冲一般可分为 4 个阶段：上升沿、高电平、下降沿和低电平，因此触发方式也有多种，如表 6-3 所示。

表 6-3　触发器的触发方式

触发方式	时钟脉冲状态	定义	符号（以 RS 触发器为例）
电平触发	高电平、低电平	触发器的翻转在 *CP* 的高电平或低电平期间进行	同步 RS 触发器 S — 1S　Q CP — C1 R — 1R　$\overline{Q}$

续表

触发方式		时钟脉冲状态	定义	符号（以 RS 触发器为例）
边沿触发	上升沿触发	上升沿	触发器的翻转在 *CP* 的上升沿时刻进行	上升沿 RS 触发器
	下降沿触发	下降沿	触发器的翻转在 *CP* 的下降沿时刻进行	下降沿 RS 触发器
主从触发器		高电平	触发器内部有主、从两个触发器。主触发器的翻转在 CP 的高电平期间进行，从触发器的状态在 CP 的下降沿变为与主触发器的一样。触发器的状态为从触发器状态，整个触发器的翻转在 *CP* 的下降沿进行	主从 RS 触发器

三、JK 触发器

1. JK 触发器电路结构和逻辑符号

同步 RS 触发器 *CP*=0 时，触发器的输出状态不受 R、S 的直接控制，提高了触发器的抗干扰能力；但在 *CP*=1 时，同步 RS 触发器还是存在不确定状态，因而使用上受到了较大限制。在同步 RS 触发器基础上增加了反馈，使得 *CP*=1、*R*=*S*=1 时，触发器不再出现不稳定的现象，而是状态的翻转，因此，将 S、R 输入端改成 J、K，即为 JK 触发器。逻辑符号如图 6-4 所示，C1、1J、1K 是关联标示，表示 1J、1K 受 C1 的控制。

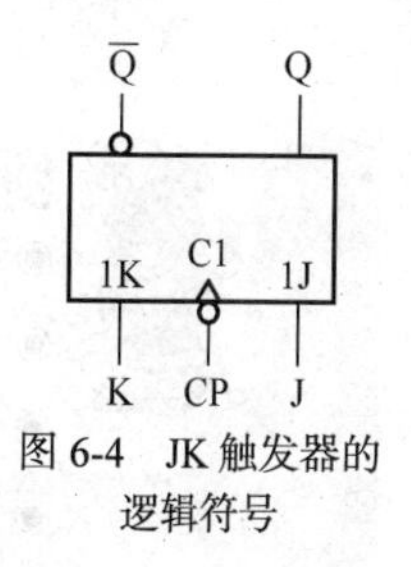

图 6-4　JK 触发器的逻辑符号

2. JK 触发器的逻辑功能

JK 触发器的逻辑功能（在 CP 的有效边沿）如表 6-4 所示。

表 6-4　**JK 触发器真值表**

输入信号		输出状态		功能说明
		原状态	次状态	
J	*K*	Q^n	Q^{n+1}	逻辑功能
0	0	Q^n	Q^n	保持
0	1	Q^n	1	置 0
1	0	Q^n	1	置 1
1	1	Q^n	$\overline{Q^n}$	翻转

JK 触发器的触发方式中，时钟 *CP* 为电平触发时，当 *CP* 有效电平，输入信号发生变化，则触发器输出信号也会随之出现变化，使输出状态在一个时钟内出现多次的翻转，这种现象称为空翻，多数 JK 触发器采用时钟的边沿触发方式。

四、D 触发器

1. D 触发器电路结构和逻辑符号

集成边沿触发式 D 触发器是无空翻触发器，常用的集成 D 触发器的触发方式是上升沿触发，如 74LS74、74HC74 等。集成 D 触发器的符号如图 6-5 所示。图中 $\overline{R_d}$ 和 $\overline{S_d}$ 是直接置 0 端和直接置 1 端，不受 CP 脉冲的控制；D 是控制输入端，在 CP 上升沿到来时触发器是否翻转由 D 控制。

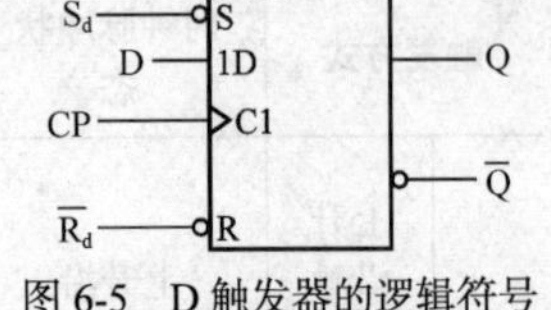

图 6-5　D 触发器的逻辑符号

2. D 触发器的逻辑功能

集成 D 触发器的逻辑功能如表 6-5 所示。

表 6-5　D 触发器真值表

时　钟	输入信号	输出状态	功能说明
CP	*D*	Q^{n+1}	逻辑功能
0\1	×	Q^n	保持
↑	0	0	置 0
↑	1	1	置 1

任务二　时序逻辑电路的分析与设计

知识目标

- 熟悉寄存器的功能、基本构成和常见类型
- 熟悉计数器的功能、基本构成和常见类型
- 掌握典型寄存器的功能及应用
- 掌握典型的二进制、十进制计数器的功能及应用

技能目标

- 能分析简单的寄存器电路
- 能分析二进制、十进制计数器电路
- 能使用常见工具按要求制作时序电路
- 能进行初步的时序逻辑电路的分析与设计

工作任务

时序逻辑电路简称时序电路，它由逻辑门电路和触发器组成，常用的电路类型有寄存器和计数器，广泛应用于自动控制检测和计时电路，四人抢答器就是使用了触发器和门电路组成。

想知道时序电路是怎么完成设定的功能的吗？一起来学一学，做一做吧。

实施细则

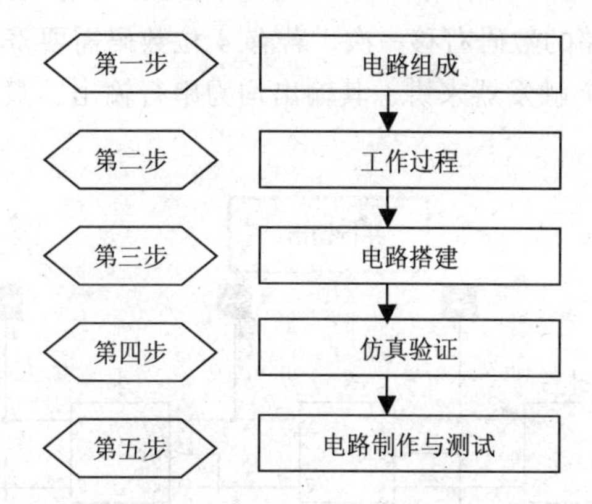

相关知识

时序电路涉及数据的存储和逻辑运算，在任意时刻电路的输出状态不仅取决于该时刻的输入状态，还与前一时刻电路的状态有关，电路结构包含存储电路和组合逻辑电路，因此要注意掌握时序逻辑电路的分析方法。

在数字电路中，常需要将数据或运算结果暂时存放起来。能够存放二进制数据的电路称为寄存器，它由具有记忆功能的触发器和门电路构成。一个触发器只有 0 和 1 两个状态，只能存储 1 位二进制代码，N 个触发器可以构成能存储 N 位二进制数码的寄存器，在时钟脉冲的作用下，寄存器接收输入的二进制数码并存储起来，按功能不同，寄存器可分为数码寄存器和移位寄存器。

1. 寄存器的电路组成

图 6-6 所示为一个由集成基本 RS 触发器和门电路组成的 4 位寄存器的逻辑电路图，4 个 RS 触发器的复位端连接在一起，作为寄存器的清零端。工作时，CR 先清零然后置 1，恢复高电平，为数据接收做好准备。接收数据时，CP=1，门电路打开，数据通过门电路送到触发器，完成了接收和寄存工作。由于数据同时输入，同时输出，又称并行输入、并行输出方式。

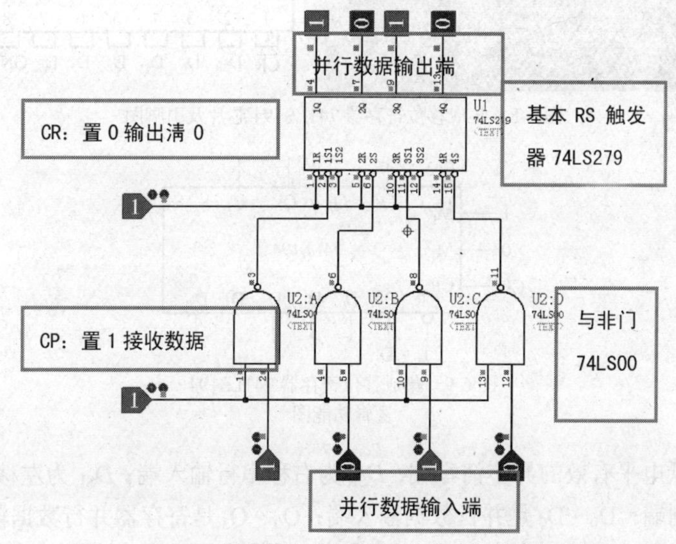

图 6-6　基本 RS 触发器和门电路构成的数码寄存器仿真电路

图 6-7 所示为由 JK 触发器构成的 4 位单向右移寄存器，工作过程是：*CP* 下降沿到来，待存的数码存入 U1A，原 U1A 存的数码存入 U1B，其他触发器存的数码依次向右移动。*CP* 的下降沿来一次，触发器存储的数码右移一次，若有 4 位数码需要寄存，则需要 4 次的移位才能实现并行输出。对于每个触发器来讲，其输出均为串行输出，只不过输出相差一定的移位时间而已。

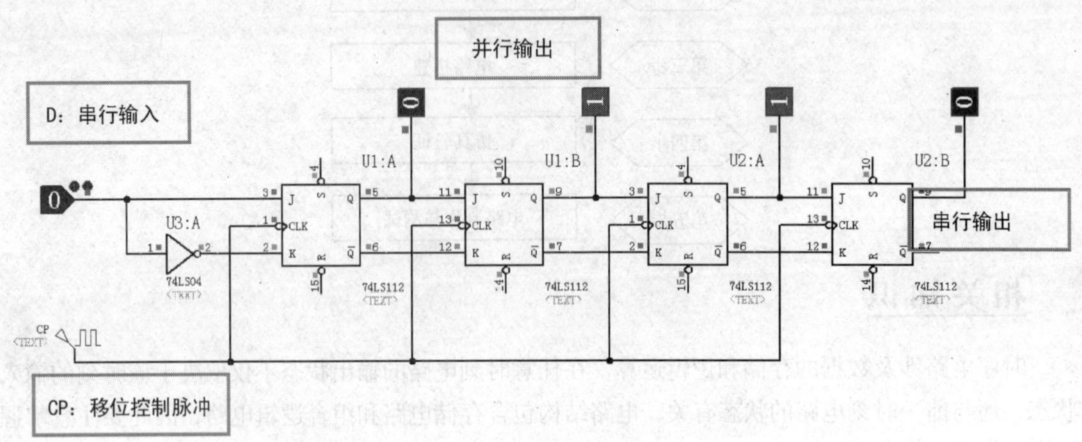

图 6-7　JK 触发器和非门构成的 4 位右移寄存器仿真电路

2. 集成双向移位寄存器

寄存器是一种能够存放数码或以二进制代码形式表示的信息。移位寄存器具有数码寄存和移位两种功能。所谓移位，就是将存放的数码依次在移位脉冲的作用下向左或向右移动。下面仅介绍常用的集成移位寄存器 74LS194。

集成移位寄存器 74LS194 的芯片及引脚图如图 6-8 所示，逻辑功能图如图 6-9 所示。

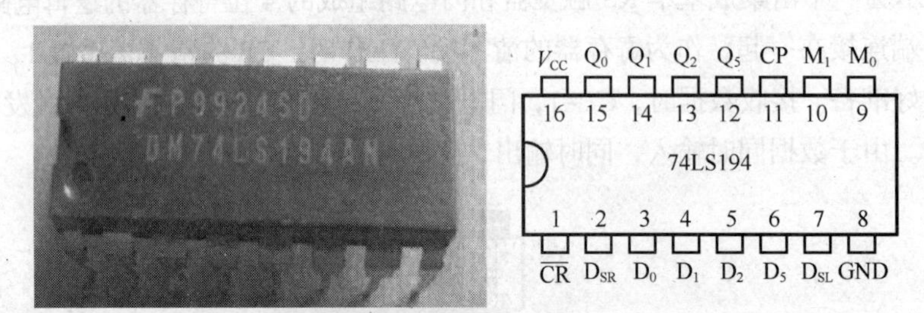

图 6-8　集成移位寄存器 741LS194 芯片及引脚图

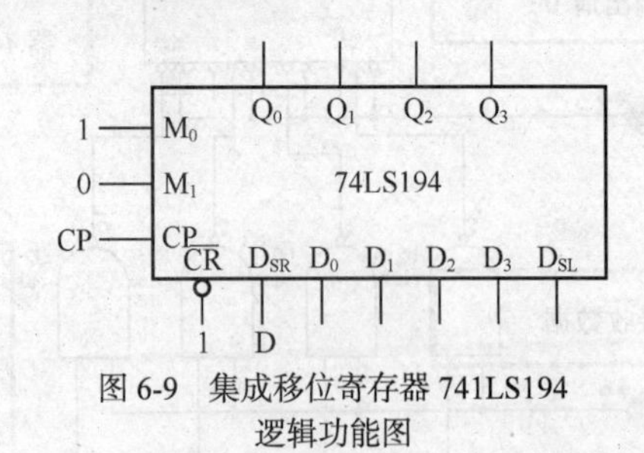

图 6-9　集成移位寄存器 741LS194 逻辑功能图

其中，$\overline{CR}$ 是低电平有效的异步清零端；D_{SR} 为右移串行输入端；D_{SL} 为左移串行输入端；M_0、M_1 为操作模式控制端；$D_0 \sim D_3$ 是并行数据输入端；$Q_0 \sim Q_3$ 是寄存器并行数据输出端。

集成移位寄存器 74LS194 的逻辑功能如表 6-6 所示。

表 6-6　　集成移位寄存器 74LS194 逻辑功能表

CP	$\overline{CR}$	$M_0 M_1$	逻辑功能	说明
×	0	××	异步清零功能	当 $\overline{CR}$=0 时，无论其他输入端为何值，移位寄存器立即清零，即 $Q_3Q_2Q_1Q_0$=0000
↑	1	0 0	保持功能	当 $\overline{CR}$=1，且 $M_0=M_1=0$ 时，CP 端输入一个移位脉冲，寄存器保持原状态不变
↑	1	1 1	同步并行送数功能	当 $\overline{CR}$=1，且 $M_0=M_1=1$ 时，CP 端输入一个移位脉冲，寄存器并行送入数据，即 $Q_3Q_2Q_1Q_0= D_3D_2D_1D_0$
↑	1	1 0	右移串行送数功能	当 $\overline{CR}$=1，且 M_0=1，M_1=0 时，CP 端输入一个移位脉冲，可依次把加在 D_{SR}、Q_A、Q_B、Q_C 端的数据各右移一位（D_R 端的数据移到原 Q_A 位置）
↑	1	0 1	左移串行送数功能	当 $\overline{CR}$=1，且 M_0=0，M_1=1 时，CP 端输入一个移位脉冲，可依次把加在 Q_B、Q_C、Q_D、D_{SL} 端的数据各左移一位（D_{SL} 端的数据移到原 Q_D 位置）

电路搭建验证逻辑功能，如图 6-10 所示。

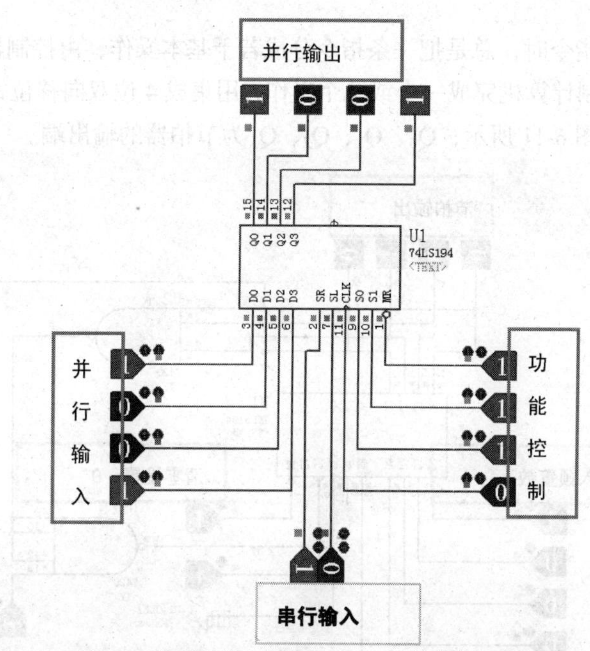

图 6-10　集成移位寄存器 74LS194 逻辑功能仿真验证

对照 74LS194 逻辑功能表，分别设置清零、双向控制、左右串行数据输入、单个时钟，检查逻辑功能，注意，由于仿真软件采用的是非国标符号，注意各个功能符号之间的衔接。

技能考核

序号	项目	考核要求	配分	评分标准	得分
1	元件的查找	正确查找元件	30	（1）每少一个元件 10 分 （2）元件极性不正确，扣 20 分	

续表

序号	项目	考核要求	配分	评分标准	得分
2	仿真仪表的使用	正确使用找出电压表	40	（1）电压表接线不正确，扣 10 分 （2）电压表没有接地，扣 10 分	
3	线路连接	（1）正确连接各个元件 （2）电源、地连接是否正确	30	每少一条导线，扣 10 分	
安全文明操作	违反安全文明操作规程（视实际情况进行扣分）				
额定时间	每超过 5 min 扣 5 分			得分	

知识拓展

一、节拍发生器

计算机在执行一条指令时，总是把一条指令分成若干基本操作，由控制器发出一系列的节拍信号，每个节拍信号控制计算机完成一个或几个操作，用集成 4 位双向移位寄存器 74LS194 可构成一个节拍发生器，如图 6-11 所示，Q_0、Q_1、Q_2、Q_3 为节拍器的输出端。

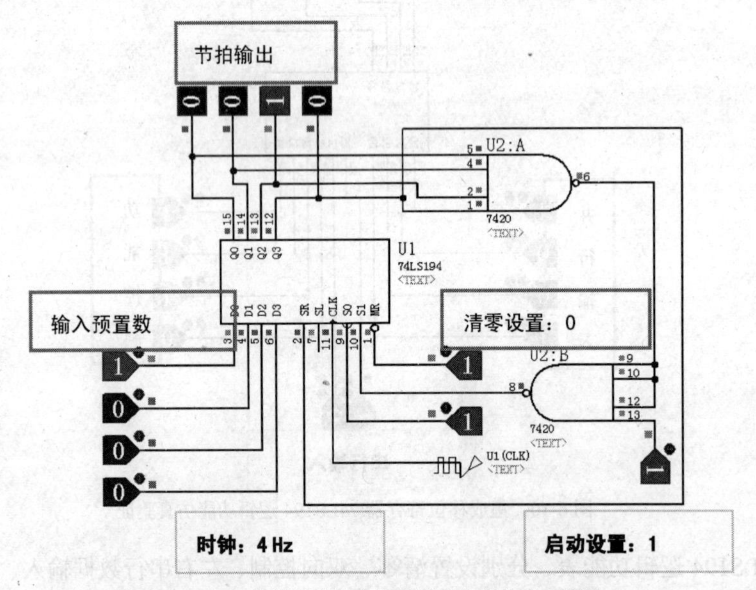

图 6-11　74194 芯片构成的右移节拍发生器仿真电路图

当清零设置为 0 时，输出均为 0；设置为 1 时，输出端显示数码。输入预置数 $D_3D_2D_1D_0$=0001，当启动信号为 0 时，设置的 S_1S_0=11，也就是 M_1M_0=11，寄存器工作在同步置数、并入并出状态，显示的 $Q_3Q_2Q_1Q_0$=0001；改变输入预置数，输出端同步显示的和预置数相同。当启动信号为 1 时，设置的 S_1S_0=01，也就是 M_0M_1=10，寄存器工作在右移、串入并出状态。由于移位时，总有一个输出为 0，经过门电路的计算，S_1 总是为 0，即 M_1 为 0，维持了 M_0M_1=10，使得右移不断地维持下去。

改变预置数，可以获得不同的移位效果，这个电路可以实现节日彩灯控制。

请大家思考一下，如何获得左移的效果呢？请参考图 6-12。

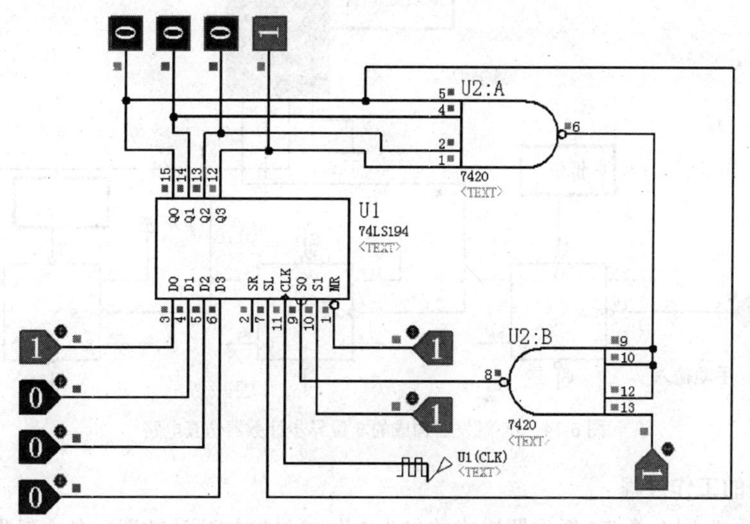

图 6-12　74194 芯片构成的左移节拍发生器参考仿真电路图

二、计数器

计数器是数字电路中应用十分广泛的单元逻辑电路，能累计输入脉冲的个数，除了直接用作计数、分频和定时外，还经常用于数字仪表、程序控制和计算机等领域。

计数器的种类很多，按进位体制不同，可分为二进制、十进制和 N 进制计数器等；按计数器中数值的增减可分为加计数器、减计数器、可逆（加\减）计数器；按计数器中各个触发器状态转换时刻的不同，可分为同步计数器和异步计数器。

1. 二进制计数器

在计数脉冲的作用下，触发器的状态转换按二进制数的编码规律进行计数的数字电路称为二进制计数器。图 6-13 所示为由一个 JK 触发器构成的计数器，只能实现 1 位的计数，也就是计 0 和 1；输出接一只逻辑数码管，用来直观显示计数结果。如果显示 2～9 之间的数，就要增加计数器的位数才能实现。如图 6-14 所示，3 位二进制计数器技术范围为 0～7。手动输入时，请注意时钟下降沿有效，也就是说手动时钟从 1 变成 0 时，数码管才变化。

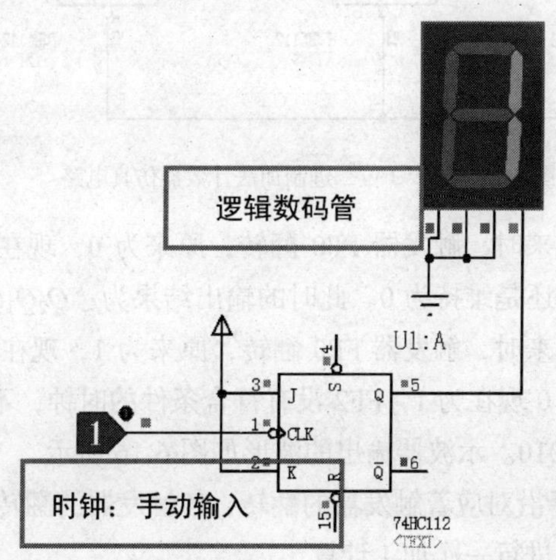

图 6-13　JK 触发器构成的 1 位二进制计数器仿真电路

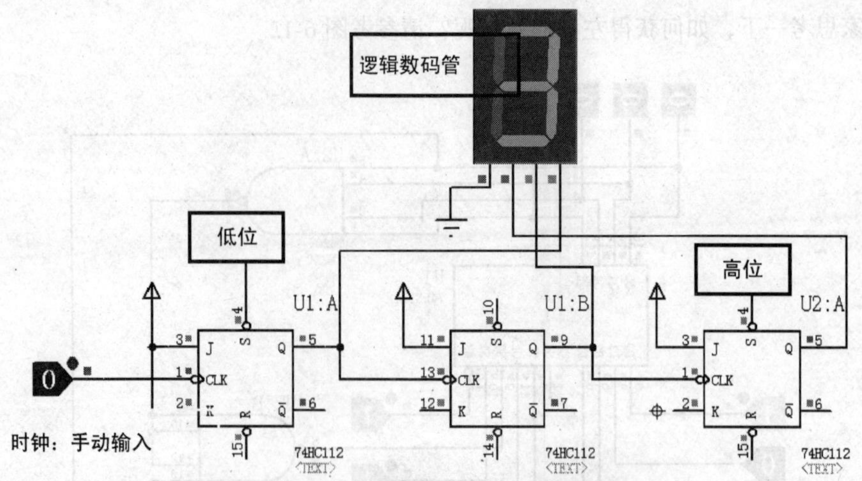

图 6-14 JK 触发器构成的 3 位异步计数器仿真电路

2. 计数器的工作过程

图 6-15 所示为用 3 个 JK 触发器连成的异步 3 位二进制加法计数器，各个触发器接收到负跳变脉冲信号时状态就翻转。开始时，复位置 0，$Q_2Q_1Q_0$=000；复位置 1，计数器开始工作。为了能看清楚显示的结果，时钟的频率设置在 1Hz，或者用手动时钟。

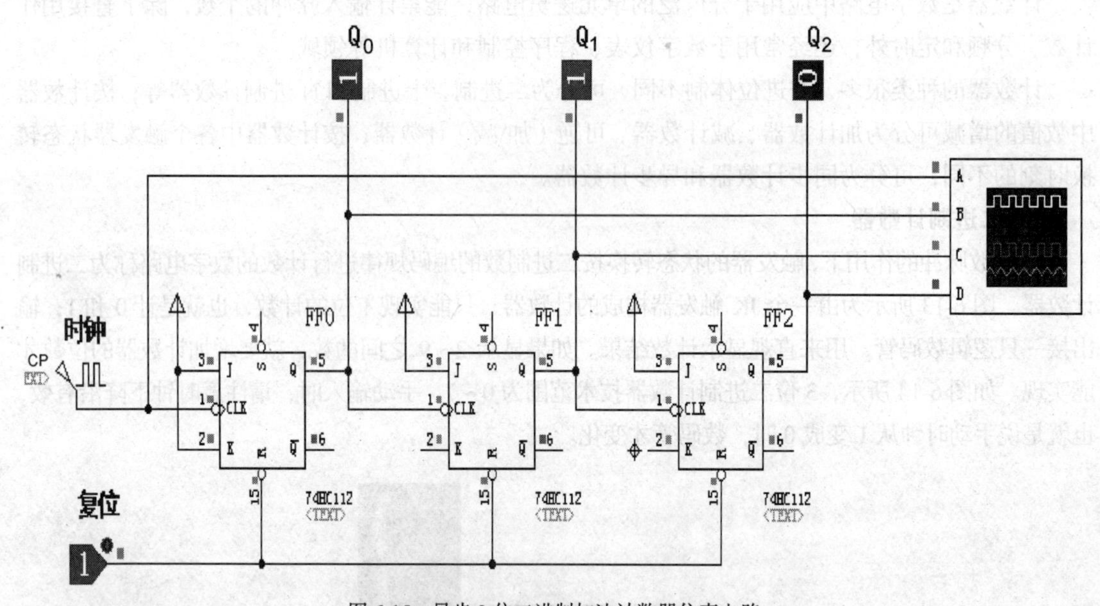

图 6-15 异步 3 位二进制加法计数器仿真电路

当第一个时钟的下降沿到来时，触发器 FF0 翻转，原来为 0，现在为 1，其他的触发器没有符合条件的时钟，不能翻转，还是维持为 0。此时的输出结果为：$Q_2Q_1Q_0$=001。

当第二个时钟的下降沿到来时，触发器 FF0 翻转，原来为 1，现在为 0，形成了 FF1 的时钟的下降沿，FF1 翻转，原来为 0 现在为 1，FF2 没有符合条件的时钟，不能翻转，还是维持为 0。此时的输出结果为：$Q_2Q_1Q_0$=010。示波器输出的波形如图 6-16 所示。

在图 6-16 中，时钟的下降沿对应着触发器的翻转，各触发器的翻转有先有后，是异步的，而每输入一个计数脉冲，计数器进行一次加 1 计算。

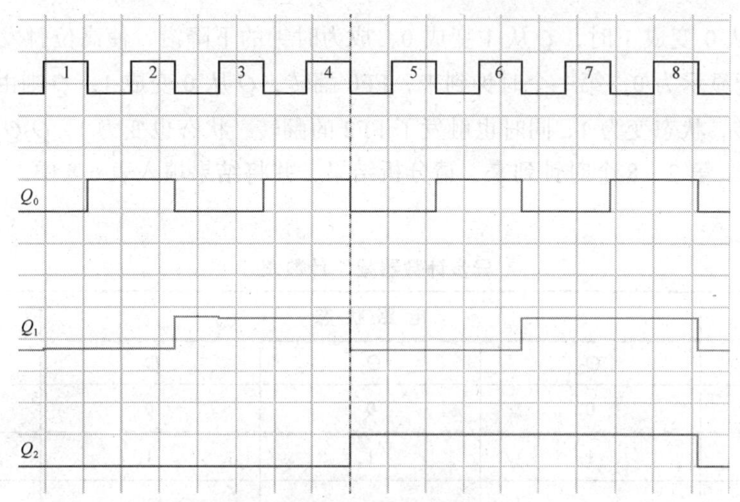

图 6-16　异步计数器波形图

请按照图 6-16 显示，填写表 6-7，验证加 1 计数。

表 6-7　　　　　　　　　　　　　异步计数器加 1 计数表

计 数 脉 冲	电 路 状 态			等效十进制数
	Q_2	Q_1	Q_0	
0	0	0	0	0
1				1
2				2
3				3
4				4
5				5
6				6
7				7
8				0

3. 减 1 计数器

如图 6-17 所示，电路结构与加 1 计数器的结构相似，只是高位的时钟连接了低位触发器

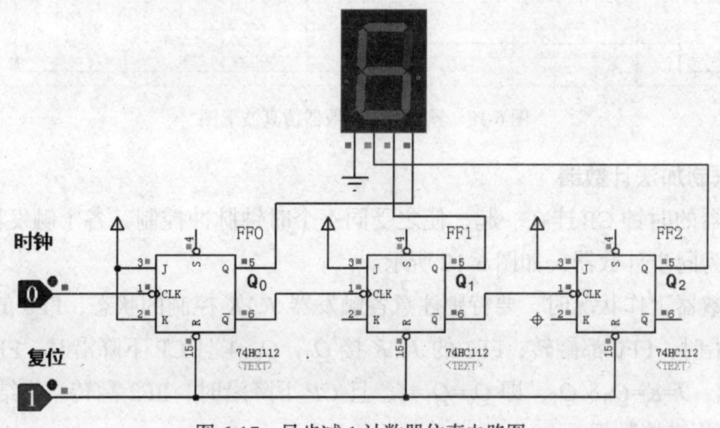

图 6-17　异步减 1 计数器仿真电路图

的$\overline{Q}$端，当Q从0变成1时，$\overline{Q}$从1变成0，成为时钟的下降沿，使高位触发器翻转。复位后，逻辑数码管显示为0，第一个时钟到来，FF0翻转，Q从0变成1，$\overline{Q}$则由1变成0，触发了FF1的翻转，状态变为1，同时也触发了FF2的翻转，状态也变为1，$Q_2Q_1Q_0$=111，逻辑数码管显示为7。第2～8个时钟到来，请分析结果，并将结果填入表6-8中。对照图6-18分析表格数据。

表6-8　　异步计数器减1计数表

计数脉冲	电路状态			等效十进制数
	Q_2	Q_1	Q_0	
0	0	0	0	0
1	1	1	1	7
2				
3				
4				
5				
6				
7				
8				

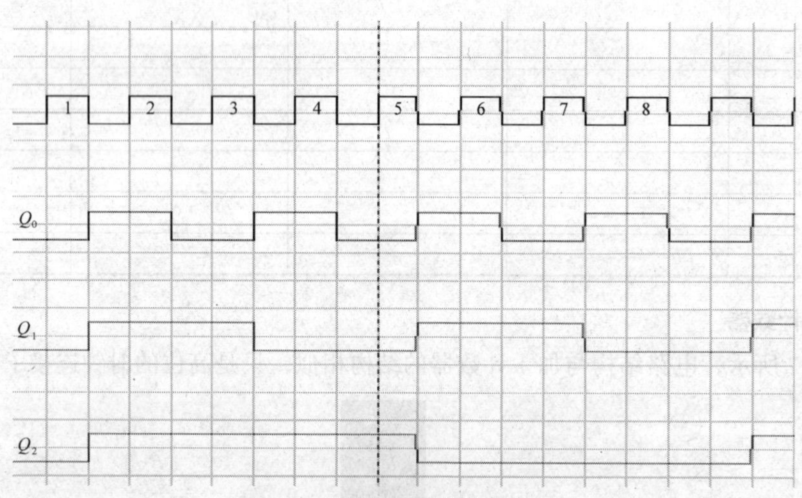

图6-18　异步减1计数器仿真波形图

4. 同步二进制加法计数器

把各级触发器的时钟CP连在一起，使之受同一个时钟脉冲控制，各个触发器状态的翻转与时钟同步，又称为同步计数器，如图6-19所示。

分析同步计数器工作状况时，要特别注意各触发器J、K控制的状态，FF0的J、K均为1，每一次CP下降沿时，FF0都翻转；FF1的J、K接Q_0，Q_0=1且CP下降沿时，FF1翻转；FF2的J、K接与门输出，J=K=Q_0&Q_1，即Q_0=Q_1=1，且CP下降沿时，FF2翻转。将结果填入表6-9，并对照图6-20分析表格数据。

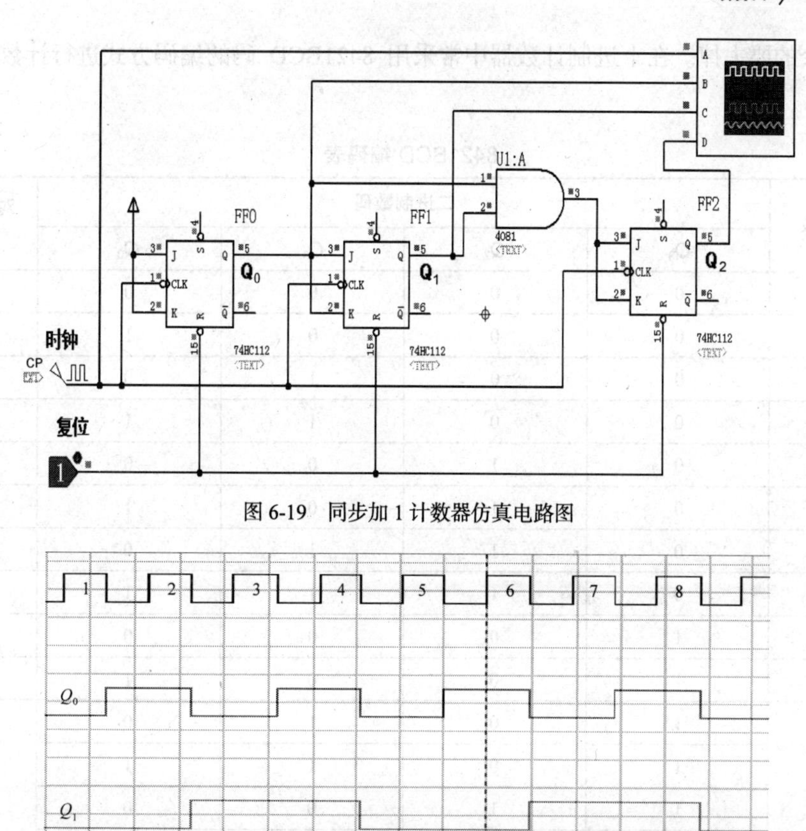

图 6-19 同步加 1 计数器仿真电路图

图 6-20 同步加 1 计数器仿真波形图

表 6-9 同步加 1 计数器电路状态表

计数脉冲	电路状态			等效十进制数
	Q_2	Q_1	Q_0	
0	0	0	0	0
1	0	0	1	1
2				
3				
4				
5				
6				
7				
8				

5. 十进制加法计数器

二进制计数器结构简单，运算方便，但是十进制计数器更符合人们的习惯，所谓十进制计数器是在计数脉冲的作用下，各个触发器的状态按十进制数的编码规律进行转换的数字电路。用二进制数表示十进制数的方法称为二-十进制编码（即 BCD 码）。十进制数有 0~9 共 10 个数码，至少要用 4 位二进制数才能表示，而 4 位二进制数有 16 个状态，表示 1 位 10 进制数只需要 10 个状态即可，多余的要去掉。在十进制计数器中常采用 8421BCD 码的编码方式进行计数，状态表如表 6-10 所示。

表 6-10　　8421BCD 编码表

计数脉冲个数	二进制数码				对应十进制数码
	Q_3	Q_2	Q_1	Q_0	
0	0	0	0	0	0
1	0	0	0	1	1
2	0	0	1	0	2
3	0	0	1	1	3
4	0	1	0	0	4
5	0	1	0	1	5
6	0	1	1	0	6
7	0	1	1	1	7
8	1	0	0	0	8
9	1	0	0	1	9
	1	0	1	0	不用
	1	0	1	1	
	1	1	0	0	
	1	1	0	1	
	1	1	1	0	
	1	1	1	1	
10	0	0	0	0	0

十进制计数器也分为同步加法/减法计数器，异步加法/减法计数器，下面以异步十进制加法为例介绍十进制计数器。其基本设计思路是计数器计数到 10 时，通过外接电路使所有的触发器清零，关键是外接电路要检测到十进制数 10 的二进制代码，并通过电路转化成清零电路有效的信号。具体电路如图 6-21 所示。

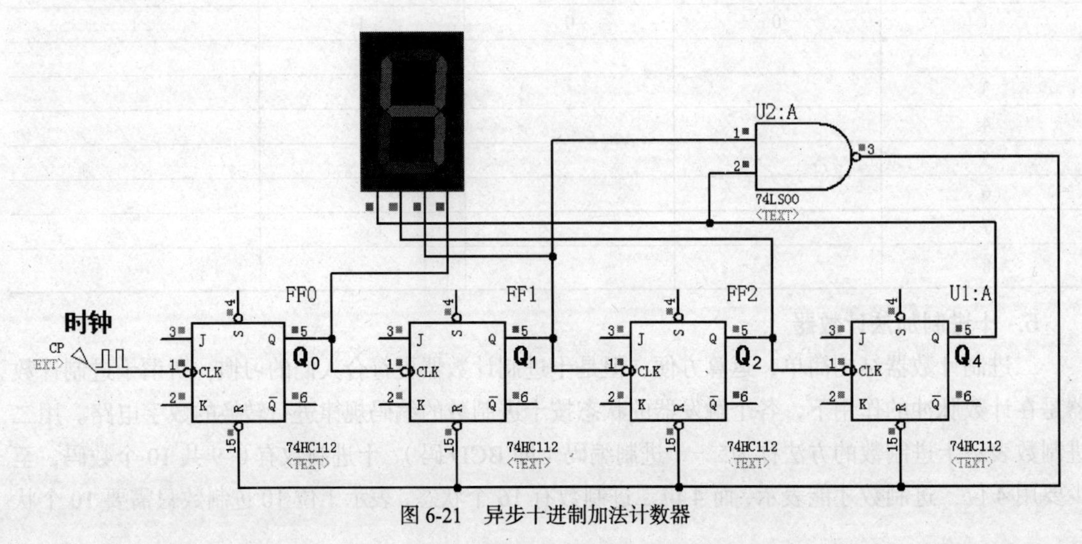

图 6-21　异步十进制加法计数器

6. 认识集成计数器

将多个触发器和相应控制门电路集成在一块硅片上构成的集成计数器，可在不加其他外接元件的情况下，通过对集成计数器的相关输出端、控制端作适当连接，便可实现多种进制的计数，在工程上应用十分方便。

常用的集成计数器有 74LS160 十进制计数器和 74LS161 二进制计数器等。集成计数器 74LS160 的芯片及引脚图如图 6-22 所示。

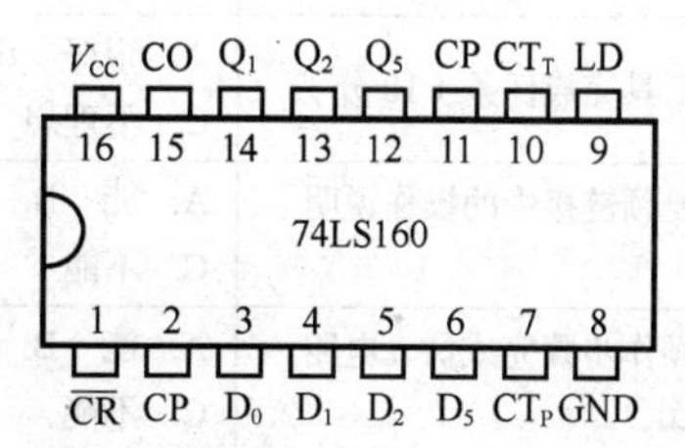

图 6-22　集成计数器 74LS160 芯片及引脚图

（1）$\overline{CR}$ 是低电平有效的异步清零端，即当 $\overline{CR}=0$ 时，不论 CP 是什么状态，计数器立即清零；此时 CT_P、CT_T 和 $\overline{LD}$ 的状态也不会影响计数器功能。

（2）$\overline{LD}$ 是低电平有效的同步置数端，即当 $\overline{CR}=0$，$\overline{LD}=1$，并且 CP 脉冲到来时，数据输入端的数据并行载入计数器，完成置数功能。

（3）CT_P、CT_T 是计数控制端，全为高电平时为计数状态；若其中有一个是低电平，则处于保持数据的状态。

（4）CO 是进位输出端，当计数发生溢出时，从 CO 端送出正跳变进位脉冲。

不同型号计数器引脚功能有所不同，应根据其功能说明正确使用。

技能考核

技能考核表

序　号	项　目	考 核 要 求	配　分	评 分 标 准	得　分
1	元件的查找	正确查找元件	30	（1）每少一个元件扣 10 分 （2）元件极性不正确，扣 20 分	
2	仿真仪表的使用	正确使用找出电压表	40	（1）电压表接线不正确，扣 10 分 （2）电压表没有接地，扣 10 分	
3	线路连接	（1）正确连接各个元件 （2）电源、地连接是否正确	30	每少一条导线，扣 10 分	
安全文明操作	违反安全文明操作规程（视实际情况进行扣分）				
额定时间	每超过 5 min 扣 5 分			得分	

学习评价

计数器学习活动评价表

项目内容	要求	评定			
		自评	组评	师评	总评
能正确使用工具完成任务（10分）	A. 很好 B. 一般 C. 不理想				
能看懂技术要领链接中的操作说明（20分）	A. 能 B. 有点模糊 C. 不能				
能按正确的操作步骤完成仿真电路的安装（30分）	A. 能 B. 基本能 C. 不能				
能独立完成实训报告的填写（10分）	A. 能 B. 基本能 C. 不能				
能请教别人、参与讨论并解决问题（10分）	A. 很好 B. 一般 C. 没有				
上进心、责任心（协作能力、团队精神）的评价（20分）	个人情感能力在活动中起到的作用：A. 很大 B. 不大 C. 没起到				
合 计					
学生在任务完成过程中遇到的问题					

知识拓展

任意计数器的构建

通常将除二进制计数器和十进制计数器以外的计数器称为任意进制计数器。由集成计数器构成任意计数器的常用 3 种方法为清零法、置数法和级联法。如果需要将现有的 M 进制计数器构成 N 进制计数器，在 $M>N$ 的情况下，一般采用清零法或置数法；在 $M<N$ 的情况下，则采用级联法。

1. 清零法

适用于具有清零端的集成计数器，例如，用 74LS160 使用清零法构成六进制计数器的电路如图 6-23 所示。

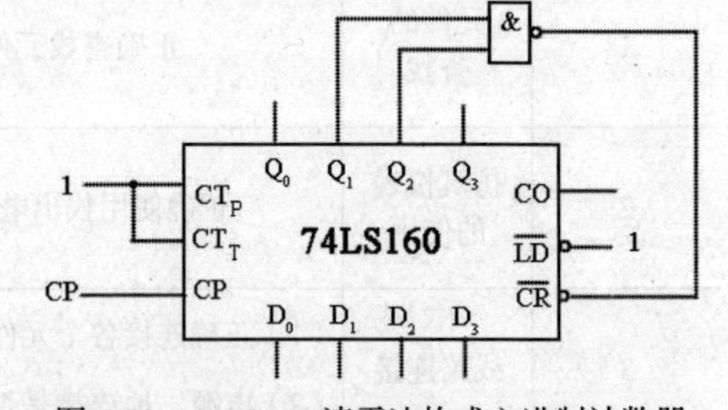

图 6-23 74LS160 清零法构成六进制计数器

集成计数器的清零端分异步清零和同步清零。异步清零端一旦有信号，计数器立即清零，与时钟脉冲无关；同步清零端即使有信号，还需维持到时钟脉冲触发沿到来，才能使计数器清零。如图 6-23 所示，若计数器从 0000 开始，当输入第 6 个计数脉冲时，$Q_3Q_2Q_1Q_0$=0110，Q_2=Q_1=1，与非门输出为 0，计数器清零。在清零法构成任意进制计数器时，应该注意两者的差别，采用不同的电路构成形式。

2. 置数法

适用于具有预置数端的集成计数器。假定 M 进制计数器以预置数为初始状态开始计数，一旦

输入计数脉冲到 N 个后，如果能给预置数端一个信号，计数器就不再继续计数而是将预置数重新置入，然后再从初始状态开始计数，这样计数器就相当于N进制计数器了。用74160构成六进制计数器如图6-24所示，若计数器从0000开始，当输入第5个计数脉冲时，$Q_3Q_2Q_1Q_0$=0101，Q_2=Q_0=1，与非门输出为0，计数器处于预置数状态，第6个时钟到来时，将数据端的数据0000置入计数器，计数器回到0000，重新计数，这种方法不会出现复位过渡，计数器工作更为可靠。

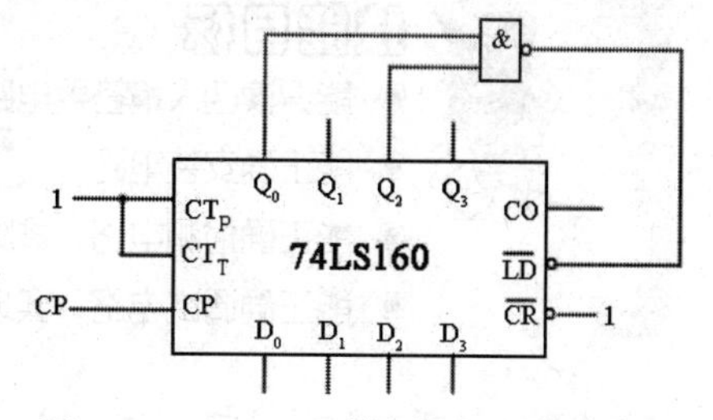

图6-24 74LS160置数法构成六进制计数器

集成计数器的置数端同样分异步置数和同步置数，其含义与异步清零及同步清零的类似，使用时同样需注意两者的差别，采用不同的电路形式。

3. 级联法

如果要将M进制集成计数器构成N进制计数器，在 $M<N$ 的情况下，则需要用多片级联的方法来完成。集成芯片之间的连接方式可分为并行进位方式和串行进位方式。在并行进位方式中，低位片的进位输出信号作为高位片的使能信号；在串行进位方式中，低位片的进位输出信号作为高位片的时钟信号。

用74160芯片分别采用并行进位和串行进位方式构成的百进制计数器如图6-25和图6-26所示。

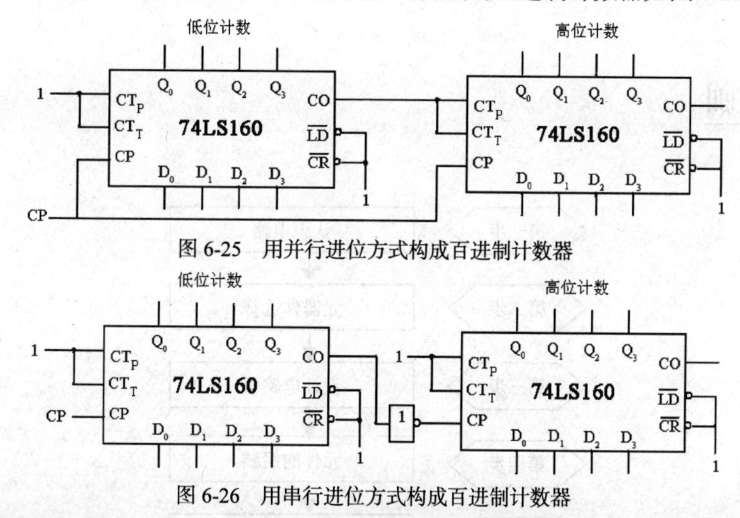

图6-25 用并行进位方式构成百进制计数器

图6-26 用串行进位方式构成百进制计数器

如果将上述的百进制改成六十进制，可以结合清零法和置数法进行设置，然后加上数码管显示，可以制成60s时钟，有兴趣的同学可以使用仿真验证。

任务三 四人抢答器的制作

知识目标

- 熟悉四人抢答器所需电子元件的功能
- 掌握仿真设计与验证的方法
- 熟悉电路的工作状态
- 熟悉电子元件的选择和安装要求

技能目标

- 能识读四人抢答器电路图，识别电子元件
- 能正确安装电路
- 能正确检测电路，排除故障
- 能正确调试电路，实现逻辑功能

工作任务

在学校组织的各种知识和智力竞赛中，经常用到抢答器，主持人提出问题，然后发出抢答指令，参赛选手开始抢答，一旦有人抢答成功，有专门的指示灯显示，其他人就无法再抢答了，也就没有什么显示了。主持人发出指令用的是无自锁的按键开关，参赛选手抢答也用的是无自锁的按键开关，主持人发出“开始”指令前，任何抢答都无效。

当然还有更加复杂的功能，有的是多人抢答，这里要设计制作一个四人抢答器，完成上述的基本功能即可，想知道是怎么完成的吗？利用所学的时序电路知识，一起来学一学，做一做吧。

实施细则

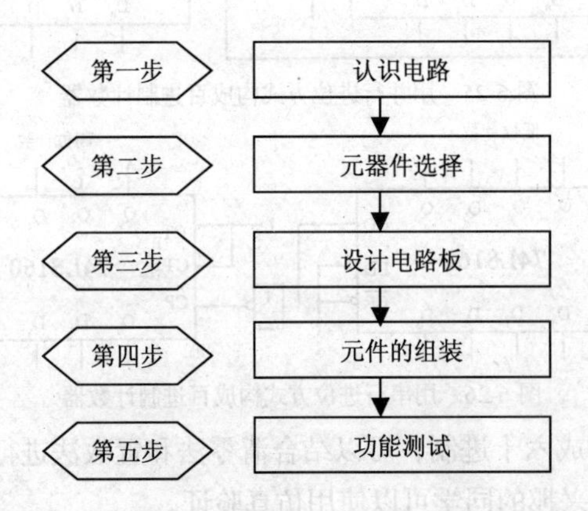

相关知识

1. 四人抢答器的电路

四人抢答器电路图如图 6-27 所示。

（1）按键电路分析。主持人加上 4 名选手共有 5 人，每人一只按键开关，共需要 5 只开关，其中主持人用的是编号为 S_0 的开关，选手用的分别是编号为 $S_1 \sim S_4$ 的开关，开关选用的是没有自锁功能的相同的按键开关。电路中开关的接法如图 6-28 所示，按键未按下时按键电路输出为 1，按下时输出为 0。

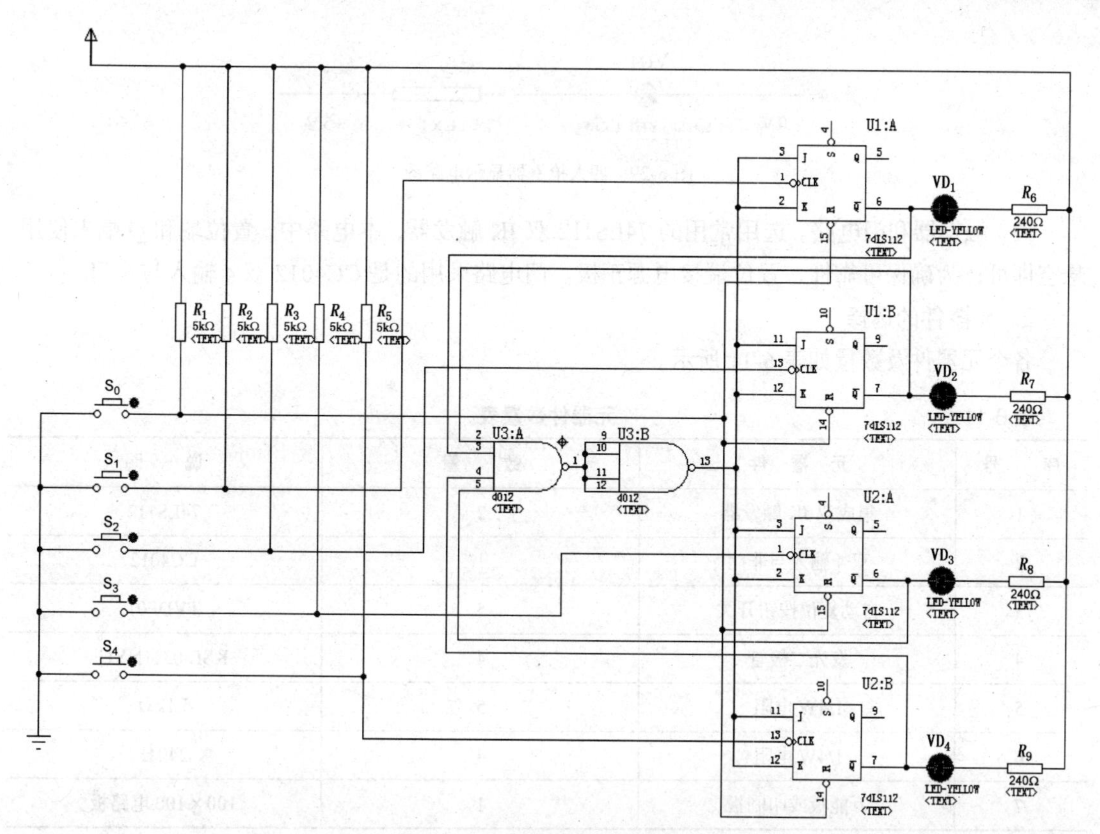

图 6-27　四人抢答器电路图设计图

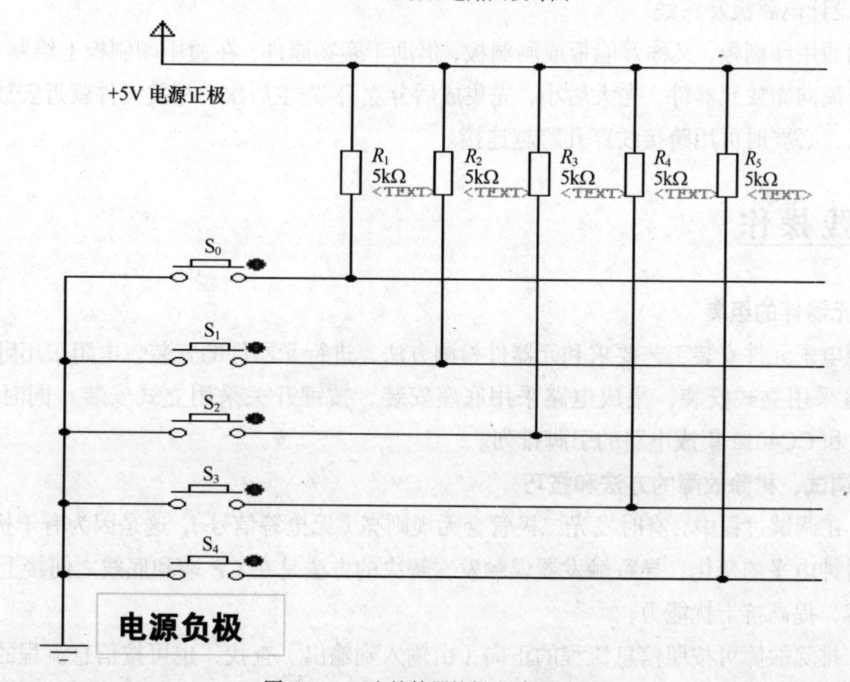

图 6-28　四人抢答器按键电路图

（2）显示电路。显示电路采用的是发光二极管，电路简单可靠，成本低廉，显示醒目。一般发管二极管的正常工作电压为 2.4 V，根据显示亮度要求，10 mA 左右的工作电流即可，整个供电为 5 V，因此降压电阻选用标称值 240 Ω 即可，如图 6-29 所示。

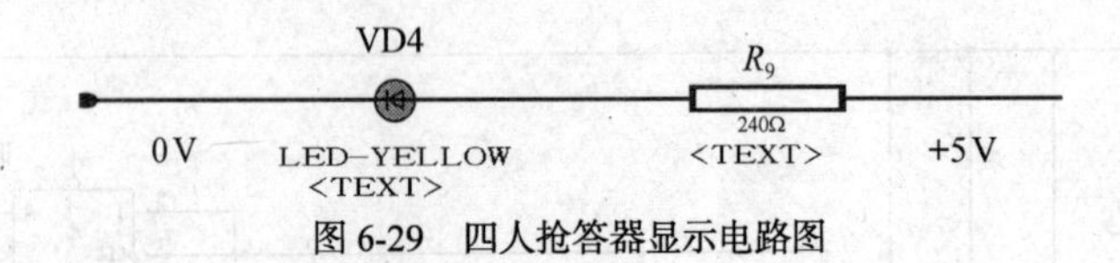

图 6-29　四人抢答器显示电路图

（3）触发器和门电路。选用常用的 74LS112 双 JK 触发器，本电路中，置位端和 Q 端未使用，悬空即可；为确保可靠性，置位端接电源正极。门电路采用的是 CC4012 双 4 输入与非门。

2. 元器件的选择

各个元器件及数量如表 6-11 所示。

表 6-11　　元器件数量表

序　号	元　器　件	数　量	说　明
1	集成双 JK 触发器	2	74LS112
2	双 4 输入与非门	1	CC4012
3	自动复位按钮开关	5	TVDP01
4	发光二极管	4	KSL-0311NYG
5	1/4W 电阻	5	5.1kΩ
6	1/4W 电阻	4	240Ω
7	万能板或印刷板	1	100×100 电路板

3. 设计电路板及布线

使用通用印刷板，又称万能板或洞洞板，借助于实物原件，在通用印刷板上绘制安装工艺图，按照信号流向布放元器件，先大后小，先集成后分立 ，先主后次，相关元件就近安放，注意避免导线交叉，必要时可用跨接线穿孔跨越连接。

实践操作

1. 元器件的组装

按照电子元件安装工艺要求和元器件检测方法，进行元器件的安装。电阻采用卧式安装，发光二极管采用立式安装，集成电路采用底座安装，按键开关采用立式安装，同时要正确识别 74LS112 和 CC4012 集成电路的引脚排列。

2. 调试、排除故障的方法和技巧

（1）在调试过程中，有时发光二极管会无规则亮（无抢答信号），这是因为有干扰，其引起了触发器时钟电平的变化，导致触发器误触发，解决的方法是在 CP 端和底线之间接上一只 0.01μF 的小电容，提高抗干扰能力。

（2）排除故障可按照信息流程的正向（由输入到输出）查找，也可按信息流程的逆向（由输出到输入）查找。如，当有抢答信号输入时，观察对应的指示灯是否点亮，若不亮，可用万用表分别测量相关的与非门的输入、输出端电平状态是否正确，由此检查线路连接及芯片的好坏。如抢答开关按下时指示灯亮，松开时又灭，说明电路不能保持，此时应检查元件的相互连接是否正确，直到故障全部排除为止。

技能考核

电路安装、布线图设计评价表

班级		姓名		学号		得分	
考核时间		实际时间	自　　时　　分起至　　时　　分				

评价项目	评价内容	配分	评分标准	扣分
设计布局	(1) 元器件排列应按照电路信号流向布放，输入、输出部分不要交叉 (2) 相关电路部分不允许走远路、绕弯路、交叉穿插 (3) 元器件布置合理，排列整齐，疏密得当	50	(1) 不符合评价内容1，扣3～20分 (2) 不符合评价内容2，扣3～15分 (3) 不符合评价内容3，扣3～15分	
布线	(1) 在通用印制电路板上单面走线 (2) 接线连接正确 (3) 走线排列整齐，有规则	50	(1) 不符合评价内容4，扣3～15分 (2) 不符合评价内容5，扣3～20分 (3) 不符合评价内容6，扣3～15分	
合计		100		
教师签名				

电路装接、调试评价表

班级		姓名		学号		得分	
考核时间		实际时间	自　　时　　分起至　　时　　分				

评价项目	评价内容	配分	评分标准	扣分
元器件识别与检测	按电路要求对元器件进行识别与检测	20	(1) 元器件识别错误一个，扣1分 (2) 元器件检测错误一个，扣2分	
元器件成型与插接	(1) 元器件按工艺要求成型 (2) 元器件插接符合工艺要求 (3) 元器件排列整齐，标志方向一致	20	(1) 元器件成型不符合工艺要求，每处扣1分 (2) 插装位置、极性错误，每处扣1分 (3) 排列不整齐，标志方向混乱，每处扣1分	
焊接	(1) 焊点表面光滑，大小均匀，无针孔，无气泡，无溅焊 (2) 无虚焊、漏焊、桥焊等现象 (3) 印刷电路板导线和焊盘无断裂、翘起、脱落等现象 (4) 工具、图纸、元器件放置有规律，符合安全文明生产要求	30	(1) 不符合评价内容4，扣1分 (2) 不符合评价内容5，扣3分 (3) 不符合评价内容6，扣5分 (4) 不符合评价内容7，扣2～10分	

续表

评价项目	评价内容	配分	评分标准	扣分
测量	（1）能正确使用测量仪表 （2）能正确读数 （3）能正确做记录	15	（1）测量方法不正确，扣2~6分 （2）不能正确读数，扣2~6分 （3）不会正确做记录，扣3分 （4）损坏测量仪器，扣10分	
调试	能正确按操作指导对电路进行调整	15	（1）调试失败，扣15分 （2）调试方法不正确，扣2~10分	
合计		100		
教师签名				

学习评价

活动评价表

项目内容	要求	评定			
		自评	组评	师评	总评
能正确使用工具完成任务（10分）	A. 很好 B. 一般 C. 不理想				
能看懂技术要领链接中的操作说明（20分）	A. 能 B. 有点模糊 C. 不能				
能按正确的操作步骤完成电路的安装（30分）	A. 能 B. 基本能 C. 不能				
能独立完成实训报告的填写（10分）	A. 能 B. 基本能 C. 不能				
能请教别人、参与讨论并解决问题（10分）	A. 很好 B. 一般 C. 没有				
上进心、责任心（协作能力、团队精神）的评价（20分）	个人情感能力在活动中起到的作用： A. 很大 B. 不大 C. 没起到				
合计					
学生在任务完成过程中遇到的问题					

知识拓展

使用Protel 2004设计四路抢答器电路板

使用Protel 2004设计电路板，采用雕刻机或者是腐蚀法制作电路板。设计的原理图、PCB板图和3D效果图分别如图6-30、图6-31及图6-32所示。

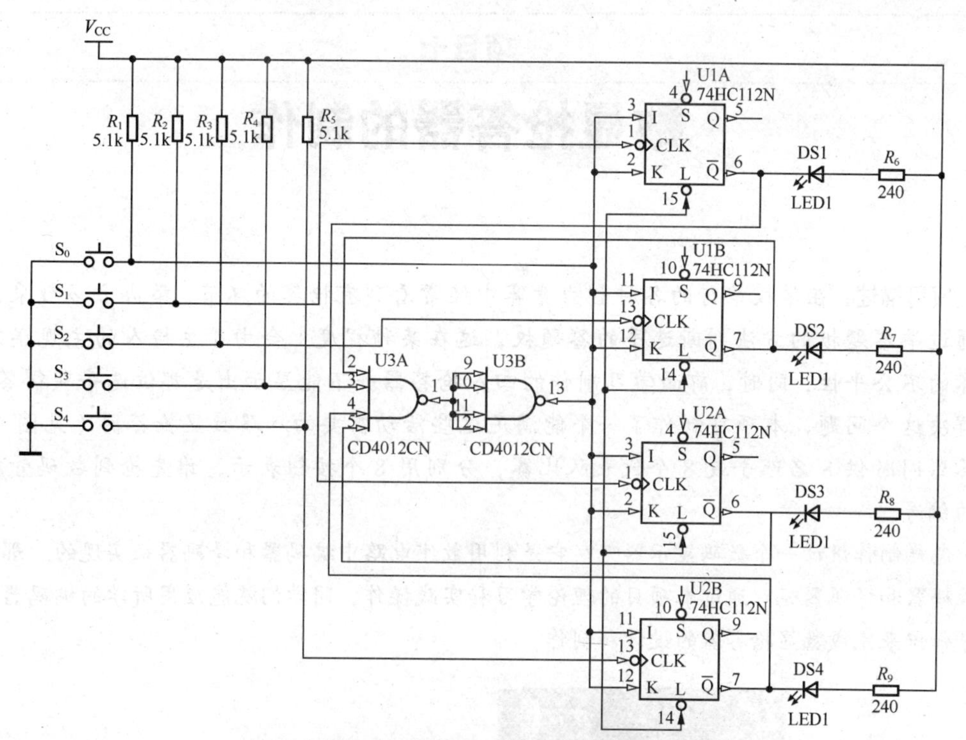

图 6-30　采用 Protel 设计的原理图

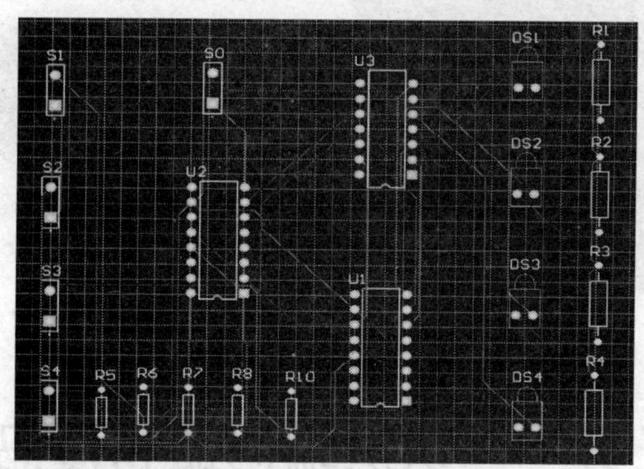

图 6-31　采用 Protel 设计的 PCB 板及元件安装参考图（双面板）

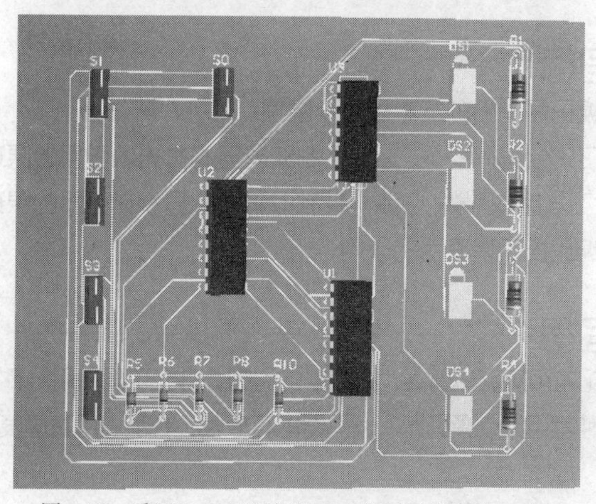

图 6-32　采用 Protel 设计的 PCB 板及元件安装 3D 图

项目七

数显抢答器的制作

项目描述：在学校举行的各种智力竞赛中经常看到有抢答的环节，举办方多数采用让选手通过举答题板的方法判断选手的答题权，这在某种程度上会由于主持人的主观误断带来比赛的不公平性，同时，前面学习制作的四人抢答器并不能显示出是哪位选手获得答题权，为解决这个问题，本项目制作了一个能满足这些活动需要的八路数显抢答器（见图 7-1）。抢答器同时供 8 名选手或 8 个代表队比赛，分别用 8 个按钮表示，谁先抢到数码管就显示谁的编号。

怎样制作设计一个数码显示器呢？它是利用数字电路中编码器和译码器来实现的。那么什么是编码器和译码器呢？通过本项目的理论学习和实践操作，同学们就能应用所学的编码器和译码器等知识来完成数显抢答器的设计和制作。

图 7-1　数显抢答器实物图

任务一　认识编码器和译码器

知识目标

- 理解编码和译码的基本概念及原理
- 掌握二进制编码器、二-十进制编码器和优先编码器的原理
- 掌握二进制译码器、二-十进制译码器和显示译码器的原理
- 了解编码器和译码器的应用

技能目标

- 能识记常用集成译码器、编码器的引脚，并会正确使用
- 读各种常用集成译码器、编码器的真值表，并能利用真值表总结其功能

工作任务

编码器（见图 7-2）是将信号（如比特流）或数据编制、转换为可用以通信、传输和存储之形式的设备。译码器是一种具有“翻译”功能的逻辑电路，这种电路能将输入二进制代码的各种状态，按照其原意翻译成对应的输出信号。它们是数字系统中广泛使用的多输入多输出组合逻辑部件。下面学习一下各种类型的编码器、译码器的基础知识。

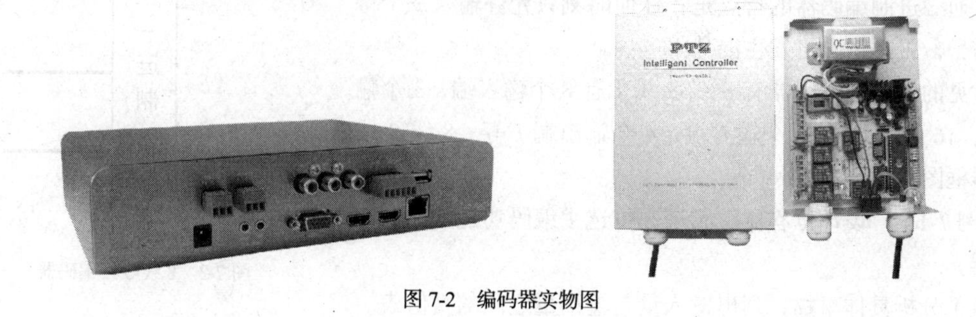

图 7-2　编码器实物图

实施细则

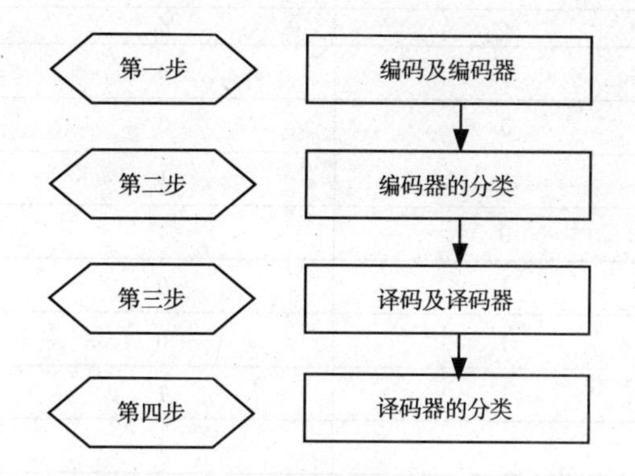

相关知识

一、组合逻辑电路

组合逻辑电路是指在任何时刻，输出状态只决定于同一时刻各输入状态的组合，而与电路以前状态以及其他时间的状态无关。常见的组合逻辑电路有编码器和译码器。

常见的编码器有二进制编码器、二-十进制编码器和优先编码器。常见的译码器有二进制译码器、二-十进制译码器和显示译码器。

二、编码器

把各种信号（如十进制数、文字和符号等）转换成若干位二进制码，这种转换过程称为编码。

能够完成编码功能的组合逻辑电路称为编码器。

编码器要编成二进制码输出，因为二进制码便于对其进行存储和运算等各种数字信号处理，而且电路容易实现。编码器在键盘编码系统和计算机中断系统中得到广泛应用。

编码器一般分为二进制编码器、二-十进制编码器和优先编码器。

1. 二进制编码器

二进制编码器是能够将各种输入信息编成二进制代码的电路。即对应一个输入信号，输出相应的二进制代码。

普通二进制编码器的特点是：任何时刻只允许输入一个待编码信号，否则输出将发生混乱。

常见的二进制编码器有 8 线-3 线（有 8 个输入端，3 个输出端），16 线-4 线（16 个输入端，4 个输出端）等。8 线-3 线编码器框图如图 7-3 所示。

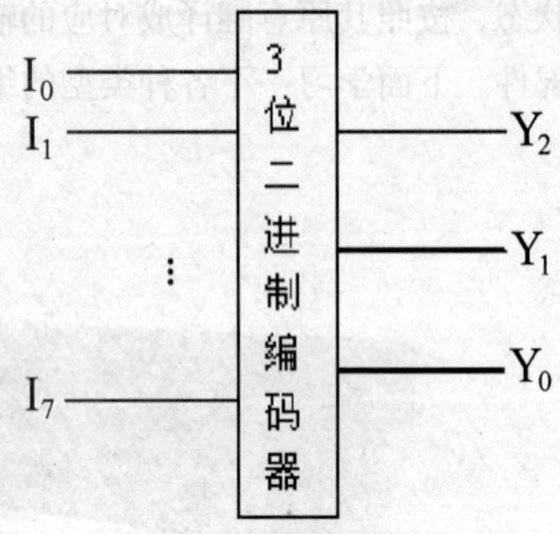

图 7-3　8 线-3 线编码器

【例 7-1】　设计抢答器中实现 8 位选手编码功能的二进制编码器。

（1）分析具体事物，列出输入量与输出量之间的真值表。

输入量为 8 位选手的按键输入，输出量为 3 位二进制数，真值表如表 7-1 所示。

表 7-1　　3 位二进制编码器真值表

输　入	输　出		
	Y_2	Y_1	Y_0
I_0	0	0	0
I_1	0	0	1
I_2	0	1	0
I_3	0	1	1
I_4	1	0	0
I_5	1	0	1
I_6	1	1	0
I_7	1	1	1

（2）根据列出的真值表，写出各输出端的逻辑表达式。

$$Y_2=I_4+I_5+I_6+I_7 \quad \text{高位}$$

$$Y_1=I_2+I_3+I_6+I_7$$

$$Y_0=I_1+I_3+I_5+I_7 \quad \text{低位}$$

（3）根据化简所得的逻辑表达式，画出如图 7-4 所示的逻辑电路。

2. 二-十进制编码器

二-十进制编码器是指用 4 位二进制代码表示一位十进制数的编码电路（输入 10 个互斥的数码，输出 4 位二进制代码）。二-十进制编码器中常用的一种是 8421BCD 码编码器。下面就设计一个 8421BCD 编码器。

例：设计一个 8421BCD 码编码器。

（1）列出输入量与输出量之间的真值表，如表 7-2 所示。

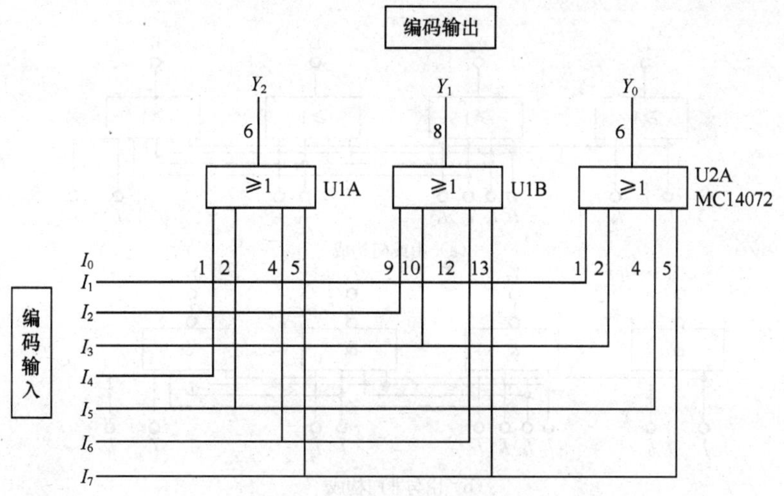

图 7-4 8 线-3 线编码器电路图

表 7-2 8421 BCD 编码器真值表

输　入	输　出			
I	Y_3	Y_2	Y_1	Y_0
0(I_0)	0	0	0	0
1(I_1)	0	0	0	1
2(I_2)	0	0	1	0
3(I_3)	0	0	1	1
4(I_4)	0	1	0	0
5(I_5)	0	1	0	1
6(I_6)	0	1	1	0
7(I_7)	0	1	1	1
8(I_8)	1	0	0	0
9(I_9)	1	0	0	1

输入信号 $I_0 \sim I_9$ 代表 0～9 共 10 个十进制信号，输出信号为 $Y_0 \sim Y_3$ 相应的二进制代码。

（2）根据列出的真值表，写出各输出端的逻辑表达式。

$$Y_3=I_8+I_9=\overline{\overline{I_8}\,\overline{I_9}}$$

$$Y_2=I_4+I_5+I_6+I_7=\overline{\overline{I_4}\,\overline{I_5}\,\overline{I_6}\,\overline{I_7}}$$

$$Y_1=I_2+I_3+I_6+I_7=\overline{\overline{I_2}\,\overline{I_3}\,\overline{I_6}\,\overline{I_7}}$$

$$Y_0=I_1+I_3+I_5+I_7+I_9=\overline{\overline{I_1}\,\overline{I_3}\,\overline{I_5}\,\overline{I_7}\,\overline{I_9}}$$

（3）根据化简所得的逻辑表达式，画出如图 7-5 所示的逻辑电路。

3. 优先编码器

对输入信号分配了优先级，即使有几个输入信号有效，也只会对其中优先级别最高的有效信号进行编码，而屏蔽其他级别的有效信号，这样的编码器称为优先编码器。优先编码器允许 n 个输入端同时加上信号，但电路只对其中优先级别最高的信号进行编码。常见的优先编码器有“74LS148”8 线-3 线集成优先编码器和“74LS147”8421BCD 码优先编码器。

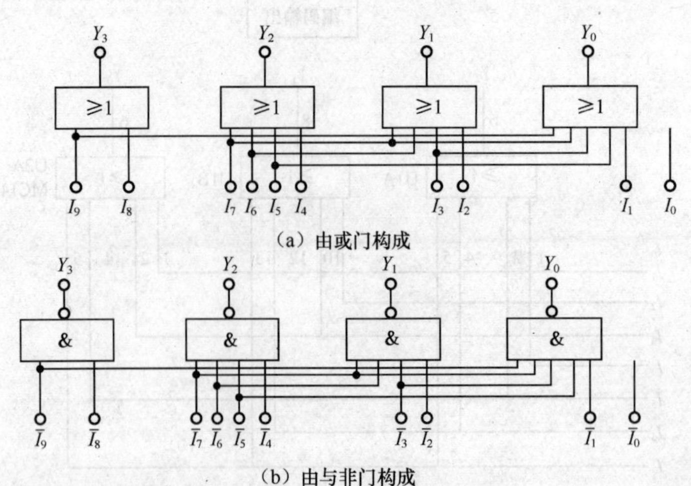

（a）由或门构成

（b）由与非门构成

图 7-5　8421 BCD 编码器逻辑电路图

（1）“74LS148” 8 线-3 线集成优先编码器。

74LS148 的引脚排列图如图 7-6 所示。

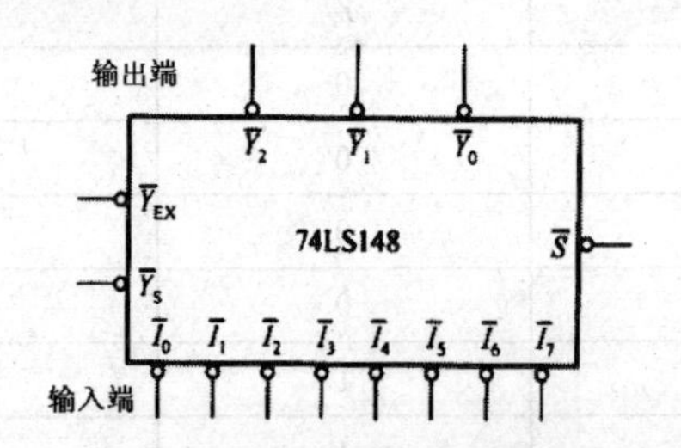

图 7-6　74LS148 的引脚排列图

74LS148 的真值表如表 7-3 所示。

表 7-3　　74LS148 集成电路的真值表

输　入									输　出				
$\overline{S}$	$\overline{I}_0$	$\overline{I}_1$	$\overline{I}_2$	$\overline{I}_3$	$\overline{I}_4$	$\overline{I}_5$	$\overline{I}_6$	$\overline{I}_7$	$\overline{Y}_2$	$\overline{Y}_1$	$\overline{Y}_0$	$\overline{Y}_{EX}$	$\overline{Y}_S$
1	×	×	×	×	×	×	×	×	1	1	1	1	1
0	1	1	1	1	1	1	1	1	1	1	1	1	0
0	×	×	×	×	×	×	×	0	0	0	0	0	1
0	×	×	×	×	×	×	0	1	0	0	1	1	0
0	×	×	×	×	×	0	1	1	0	1	0	1	0
0	×	×	×	×	0	1	1	1	0	1	1	1	0
0	×	×	×	0	1	1	1	1	1	0	0	1	0
0	×	×	0	1	1	1	1	1	1	0	1	1	0
0	x	0	1	1	1	1	1	1	1	1	0	1	0
0	0	1	1	1	1	1	1	1	1	1	1	1	0

74LS148 的功能特点如下。

①编码输入 $\overline{I}_0$ ~ $\overline{I}_7$ 低电平有效。

②编码输出 $\overline{Y}_0 \sim \overline{Y}_2$ 采用反码表示，也称之为低电平有效。

③8 个输入信号中 $\bar{I}_7$ 的优先级别最高。

④74LS148 有 $\overline{S}$ 、$\overline{Y}_{EX}$ 、$\overline{Y}_S$ 3 个控制端子，$\overline{S}$ 为选通输入端，只有在 $\overline{S}=0$ 时，编码器才处于工作状态；而在 $\overline{S}=1$ 时，编码器处于禁止状态，所有输入端被封锁为高电平。

（2）“74LS147” 8421BCD 码优先编码器

74LS147 的引脚排列图如图 7-7 所示。

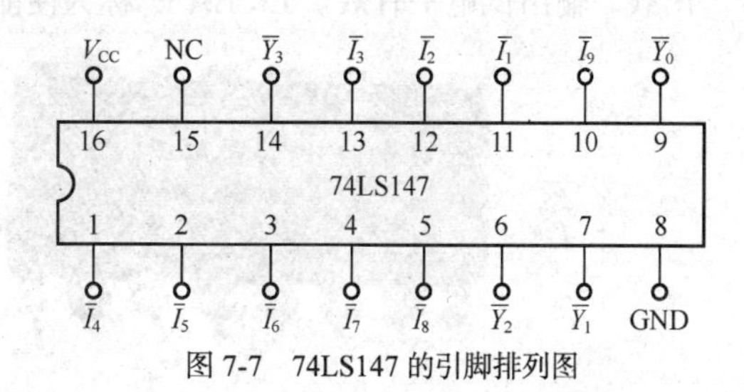

图 7-7　74LS147 的引脚排列图

74LS147 的真值表如表 7-4 所示。

表 7-4　　74LS147 集成电路的真值表

输入信号										输出信号			
$\overline{I}_9$	$\overline{I}_8$	$\overline{I}_7$	$\overline{I}_6$	$\overline{I}_5$	$\overline{I}_4$	$\overline{I}_3$	$\overline{I}_2$	$\overline{I}_1$	$\overline{I}_0$	$\overline{Y}_3$	$\overline{Y}_2$	$\overline{Y}_1$	$\overline{Y}_0$
0	×	×	×	×	×	×	×	×	×	0	1	1	0
1	0	×	×	×	×	×	×	×	×	0	1	1	1
1	1	0	×	×	×	×	×	×	×	1	0	0	0
1	1	1	0	×	×	×	×	×	×	1	0	0	1
1	1	1	1	0	×	×	×	×	×	1	0	1	0
1	1	1	1	1	0	×	×	×	×	1	0	1	1
1	1	1	1	1	1	0	×	×	×	1	1	0	0
1	1	1	1	1	1	1	0	×	×	1	1	0	1
1	1	1	1	1	1	1	1	0	×	1	1	1	0
1	1	1	1	1	1	1	1	1	0	1	1	1	1

74LS147 的功能特点如下。74LS147 第 9 脚 NC 为空。74LS147 优先编码器有 9 个输入端和 4 个输出端。某个输入端为 0，代表输入某一个十进制数。当 9 个输入端全为 1 时，代表输入的是十进制数 0。4 个输出端反映输入十进制数的 BCD 码编码输出。74LS147 优先编码器的输入端和输出端都是低电平有效，即当某一个输入端为低电平 0 时，4 个输出端就以低电平 0 输出其对应的 8421BCD 编码。当 9 个输入全为 1 时，4 个输出也全为 1，代表输入十进制数 0 的 8421BCD 编码输出。

三、译码器

译码是编码的逆过程，在编码时，每一种二进制代码都赋予了特定的含义，即都表示了一个确定的信号或者对象。把代码状态的特定含义“翻译”出来的过程叫做译码，实现译码操作的电路称为译码器。或者说，译码器是可以将输入二进制代码的状态翻译成输出信号，以表示其原来含义的电路。常用的译码器有二进制译码器、二-十进制译码器和数码显示译码器等。

1. 二进制译码器

（1）74LS138 逻辑符号与引脚排列。将 n 位二进制数译成 M 个输出状态的电路称为二进制译码器。图 7-8 所示为 3 线-8 线译码器。图 7-9 所示为 74LS138 的实物图及外引脚排列图，输入（A、B、

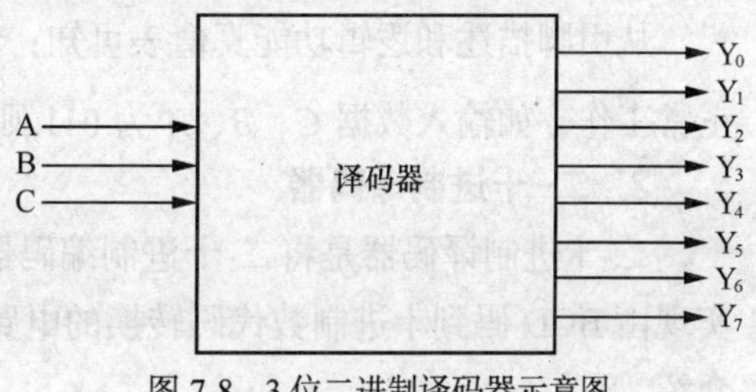

图 7-8　3 位二进制译码器示意图

C）为二进制原码，即十进制数“0”的编码为“000”，“1”的编码为“001”；$\overline{Y}_0$ ~ $\overline{Y}_7$ 为8条输出线，输出低电平有效。$\overline{E}_1$、$\overline{E}_2$、$\overline{E}_3$ 称为使能控制端。

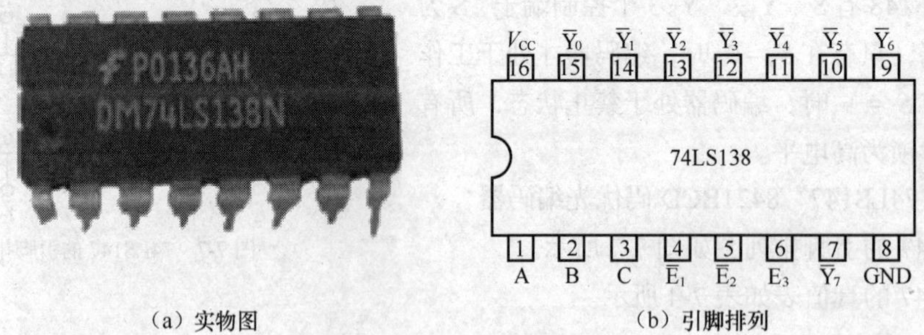

（a）实物图　　（b）引脚排列

图 7-9　74LS138 集成译码器

（2）74LS138 引脚功能。

C、B、A：译码输入端，输入待译码的3位二进制码，高电平有效。

$\overline{Y_0}$~$\overline{Y_7}$：译码输出端，输出与输入二进制码相对应的控制信号，低电平输出有效。

$\overline{E}_1$、$\overline{E}_2$、E_3：片选使能端，只有 $\overline{E}_1$ 和 $\overline{E}_2$ 接低电平，E_3 接高电平时芯片才正常工作，主要用于级联时芯片选择。

（3）74LS138 真值表。74LS138 逻辑功能真值表见表7-5。

表 7-5　　74LS138 的逻辑功能真值表

输入						输出							
片选使能			译码输入										
$\overline{E}_1$	$\overline{E}_2$	E_3	C	B	A	$\overline{Y}_0$	$\overline{Y}_1$	$\overline{Y}_2$	$\overline{Y}_3$	$\overline{Y}_4$	$\overline{Y}_5$	$\overline{Y}_6$	$\overline{Y}_7$
1	×	×	×	×	×	1	1	1	1	1	1	1	1
×	1	×	×	×	×	1	1	1	1	1	1	1	1
×	×	0	×	×	×	1	1	1	1	1	1	1	1
0	0	1	0	0	0	0	1	1	1	1	1	1	1
0	0	1	0	0	1	1	0	1	1	1	1	1	1
0	0	1	0	1	0	1	1	0	1	1	1	1	1
0	0	1	0	1	1	1	1	1	0	1	1	1	1
0	0	1	1	0	0	1	1	1	1	0	1	1	1
0	0	1	1	0	1	1	1	1	1	1	0	1	1
0	0	1	1	1	0	1	1	1	1	1	1	0	1
0	0	1	1	1	1	1	1	1	1	1	1	1	0

从引脚描述和逻辑功能真值表可知：当 $\overline{E}_1=\overline{E}_2=0$，并且 $E_3=1$ 时，3线-8线译码器74LS138正常工作，如输入数据 C、B、A 为011,则译码后将选中输出端 $\overline{Y}_3$，使其引脚输出低电平0。

2. 二-十进制译码器

二-十进制译码器是将二-十进制编码器输出的10个代码译成10个高、低电平的输出信号，实现由BCD码到十进制数代码转换的电路。下面以 8421BCD 译码器 74HC42 为例对其功能进行介绍。

74HC42 的引脚排列如图 7-10 所示。

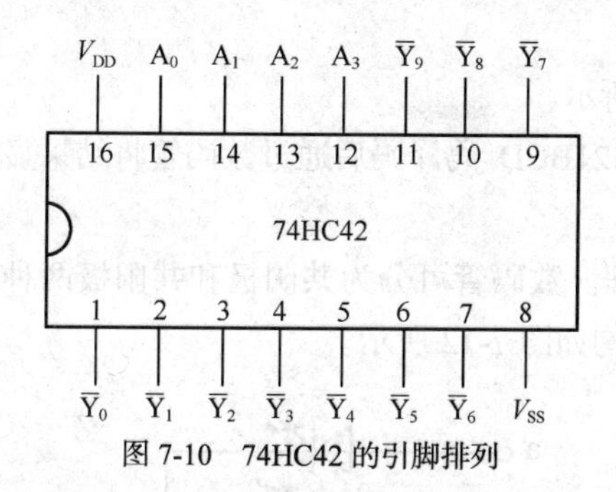

图 7-10　74HC42 的引脚排列

74HC42 的真值表如表 7-6 所示。

表 7-6　　74HC42 译码器真值表

十进制数	输入				输出									
	A_3	A_2	A_1	A_0	$\overline{Y}_0$	$\overline{Y}_1$	$\overline{Y}_2$	$\overline{Y}_3$	$\overline{Y}_4$	$\overline{Y}_5$	$\overline{Y}_6$	$\overline{Y}_7$	$\overline{Y}_8$	$\overline{Y}_9$
0	0	0	0	0	0	1	1	1	1	1	1	1	1	1
1	0	0	0	1	1	0	1	1	1	1	1	1	1	1
2	0	0	1	0	1	1	0	1	1	1	1	1	1	1
3	0	0	1	1	1	1	1	0	1	1	1	1	1	1
4	0	1	0	0	1	1	1	1	0	1	1	1	1	1
5	0	1	0	1	1	1	1	1	1	0	1	1	1	1
6	0	1	1	0	1	1	1	1	1	1	0	1	1	1
7	0	1	1	1	1	1	1	1	1	1	1	0	1	1
8	1	0	0	0	1	1	1	1	1	1	1	1	0	1
9	1	0	0	1	1	1	1	1	1	1	1	1	1	0
无效输入（伪码）	1	0	1	0	1	1	1	1	1	1	1	1	1	1
	1	0	1	1	1	1	1	1	1	1	1	1	1	1
	1	1	0	0	1	1	1	1	1	1	1	1	1	1
	1	1	0	1	1	1	1	1	1	1	1	1	1	1
	1	1	1	0	1	1	1	1	1	1	1	1	1	1
	1	1	1	1	1	1	1	1	1	1	1	1	1	1

74HC42 的功能特点如下。

① 当输入出现 BCD 代码以外的 6 种伪码（1010 ~ 1111）时，译码器的输出 $\overline{Y}_0$ ~ $\overline{Y}_9$ 均无低电平信号产生。

② 译码器工作时，在译码输入 A_3 ~ A_0 的任一组取值下，输出 $\overline{Y}_0$ ~ $\overline{Y}_9$ 中总有一个输出为低电平，其余 9 个都为高电平。

3. 显示译码器

用来驱动各种显示器件，从而将用二进制代码表示的数字、文字、符号翻译成人们习惯的形式直观地显示出来的电路，称为显示译码器。它先将输入的二进制代码译成十进制数的信号，再利用译码输出驱动显示器显示数字，常用的显示器为数码管。

（1）七段数码管。

① 外形封装如图 7-11 所示。

七段数码的作用是将 8421BCD 码译码后通过数码管将结果显示出来。

图 7-11 七段数码管外形封装

② 数码管的结构和原理。数码管可分为共阴极和共阳极两种类型，引脚排列及内部等效结构如图 7-12 所示。

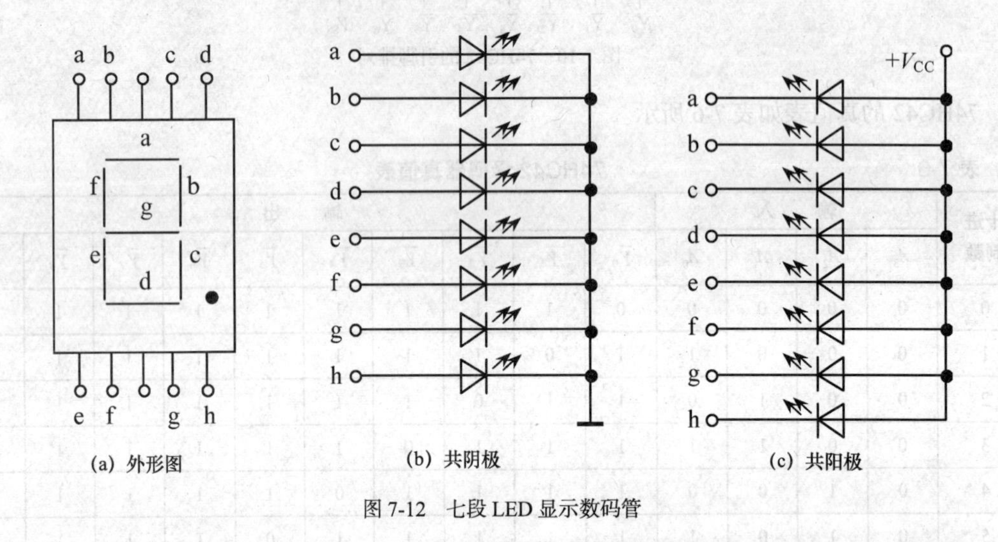

图 7-12 七段 LED 显示数码管

③ 七段数码管显示原理。

● 七段 LED 数码管的 8 个显示字段（其中包括一个小数点）各对应一个发光二极管，它们在其内部成“日”字形排列，各字段分别用字 a、b、c、d、e、f、g 表示，小数点用 dp 表示。

● 当七段 LED 数码管不同笔段的发光二极管组合发光时，就能显示出不同的数字，如图 7-13 所示。如要显示数字 0 时，只要 g 段和 dp 段不亮，而 a、b、c、d、e、f6 段发光即可。

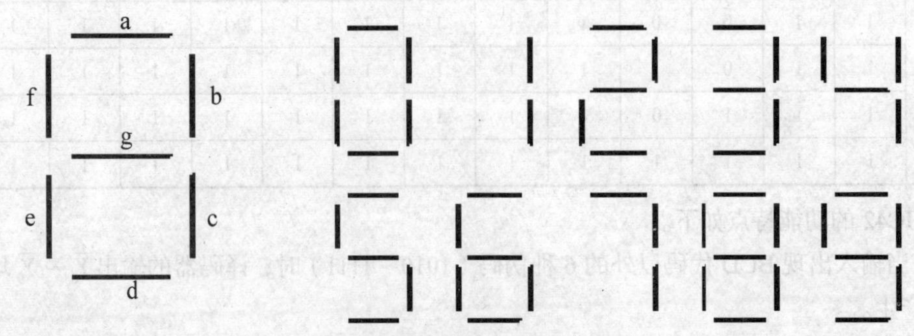

图 7-13 七段数码管的显示字型

（2）显示译码器。

显示译码器的作用是将输入的代码通过译码器“翻译”成相应的高低电平，并驱动显示器发光显示。现以集成显示译码器 74LS48 为例介绍它的功能。

① 74LS48 的引脚排列。74LS48 引脚排列如图 7-14 所示。

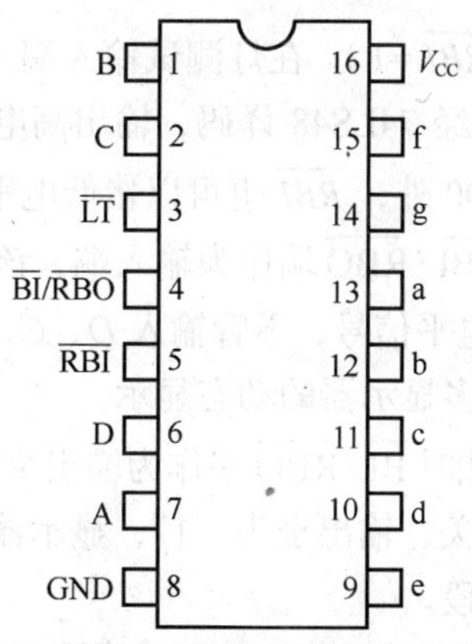

图 7-14　74LS48 的引脚排列

② 74LS48 的真值表。74LS48 真值表如表 7-7 所示。

表 7-7　　74LS48 真值表

	输入							输出							
DECIMAL ORFUNCTION	$\overline{LT}$	$\overline{RBI}$	D	C	B	A	$\overline{BI}/\overline{RBO}$	Y_a	Y_b	Y_c	Y_d	Y_e	Y_f	Y_g	NOTE
0	H	H	L	L	L	L	H	H	H	H	H	H	H	L	1
1	H	×	L	L	L	H	H	L	H	H	L	L	L	L	1
2	H	×	L	L	H	L	H	H	H	L	H	H	L	H	
3	H	×	L	L	H	H	H	H	H	H	H	L	L	H	
4	H	×	L	H	L	L	H	L	H	H	L	L	H	H	
5	H	×	L	H	L	H	H	H	L	H	H	L	H	H	
6	H	×	L	H	H	L	H	L	L	H	H	H	H	H	
7	H	×	L	H	H	H	H	H	H	H	L	L	L	L	
8	H	×	H	L	L	L	H	H	H	H	H	H	H	H	
9	H	×	H	L	L	H	H	H	H	H	L	L	H	H	
10	H	×	H	L	H	L	H	L	L	L	H	H	L	H	
11	H	×	H	L	H	H	H	L	L	H	H	L	L	H	
12	H	×	H	H	L	L	H	L	H	L	L	L	H	H	
13	H	×	H	H	L	H	H	H	L	L	H	L	H	H	
14	H	×	H	H	H	L	H	L	L	L	H	H	H	H	
15	H	×	H	H	H	H	H	L	L	L	L	L	L	L	
$\overline{BI}$	×	×	×	×	×	×	L	L	L	L	L	L	L	L	2
$\overline{RBI}$	H	L	L	L	L	L	L	L	L	L	L	L	L	L	3
$\overline{LT}$	L	×	×	×	×	×	H	H	H	H	H	H	H	H	4

③ 74LS48 的功能特点。74LS48 除了有实现七段显示译码器基本功能的输入（D、C、B、A）和输出端（$Y_a \sim Y_g$）外，74LS48 还引入了灯测试输入端（$\overline{LT}$）和动态灭零输入端（$\overline{RBI}$），以及既有输入功能又有输出功能的消隐输入/动态灭零输出（$\overline{BI}/\overline{RBO}$）端。

由 74LS48 真值表可获知 74LS48 所具有的逻辑功能。

● 七段译码功能（$\overline{LT}$=1，$\overline{RBI}$=1）。在灯测试输入端（$\overline{LT}$）和动态灭零输入端（$\overline{RBI}$）都接高电平时，输入 D、C、B、A 经 74LS48 译码，输出高电平有效的七段字符显示器的驱动信号，显示相应字符。除 $DCBA$ = 0000 外，$\overline{RBI}$ 也可以接低电平，见表 7-7 中 1 ~ 16 行。

● 消隐功能（$\overline{BI}$=0）。此时 $\overline{BI}/\overline{RBO}$ 端作为输入端，该端输入低电平信号时，表 7-7 倒数第 3 行，无论 $\overline{LT}$ 和 $\overline{RBI}$ 输入什么电平信号，不管输入 D、C、B、A 为什么状态，输出全为“0”，七段显示器熄灭。该功能主要用于多显示器的动态显示。

● 灯测试功能（$\overline{LT}$ = 0）。此时 $\overline{BI}/\overline{RBO}$ 端作为输出端，$\overline{LT}$ 端输入低电平信号时，表 7-7 最后一行，与 D、C、B、A 输入无关，输出全为“1”，显示器 7 个字段都点亮。该功能用于 7 段显示器测试，判别是否有损坏的字段。

● 动态灭零功能（$\overline{LT}$=1，$\overline{RBI}$=0）。此时 $\overline{BI}/\overline{RBO}$ 端也作为输出端，$\overline{LT}$ 端输入高电平信号，$\overline{RBI}$ 端输入低电平信号，若此时 $DCBA$ = 0000，表 7-7 倒数第 2 行，输出全为“0”，显示器熄灭，不显示这个零。$DCBA \neq 0$，则对显示无影响。该功能主要用于多个七段显示器同时显示时熄灭高位的零。

技能考核

（1）设计一个 8421BCD 码编码器。

① 列出输入量与输出量之间的真值表，如表 7-8 所示。

输入信号 $I_0 \sim I_9$ 代表 0 ~ 9 共 10 个十进制信号，输出信号为 $Y_0 \sim Y_3$ 相应的二进制代码。

表 7-8　　3 位二进制编码器真值表

输　入	输　出			
I	Y_3	Y_2	Y_1	Y_0
0(I_0)	0	0	0	0
1(I_1)	0	0	0	1
2(I_2)	0	0	1	0
3(I_3)	0	0	1	1
4(I_4)	0	1	0	0
5(I_5)	0	1	0	1
6(I_6)	0	1	1	0
7(I_7)	0	1	1	1
8(I_8)	1	0	0	0
9(I_9)	1	0	0	1

② 根据列出的真值表，写出各输出端的逻辑表达式。

$$Y_3=I_8+I_9=\overline{\overline{I_8}\,\overline{I_9}}$$

$$Y_2=I_4+I_5+I_6+I_7=\overline{\overline{I_4}\,\overline{I_5}\,\overline{I_6}\,\overline{I_7}}$$

$$Y_1=I_2+I_3+I_6+I_7=\overline{\overline{I_2}\,\overline{I_3}\,\overline{I_6}\,\overline{I_7}}$$

$$Y_0=I_1+I_3+I_5+I_7+I_9=\overline{\overline{I_1 I_3 I_5 I_7 I_9}}$$

（2）根据化简所得的逻辑表达式，画出如图 7-15 所示的逻辑电路。

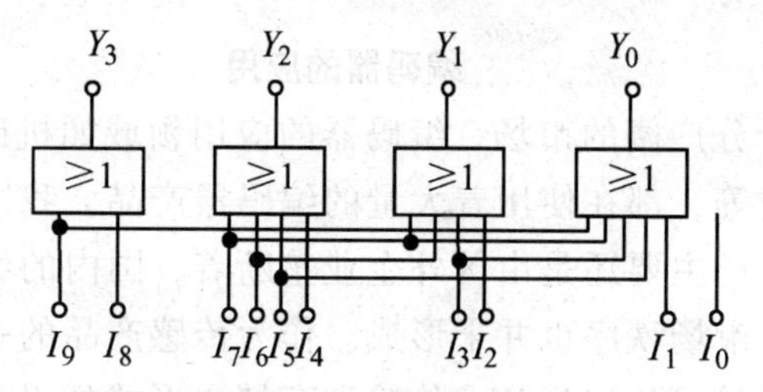

（a）由或门构成

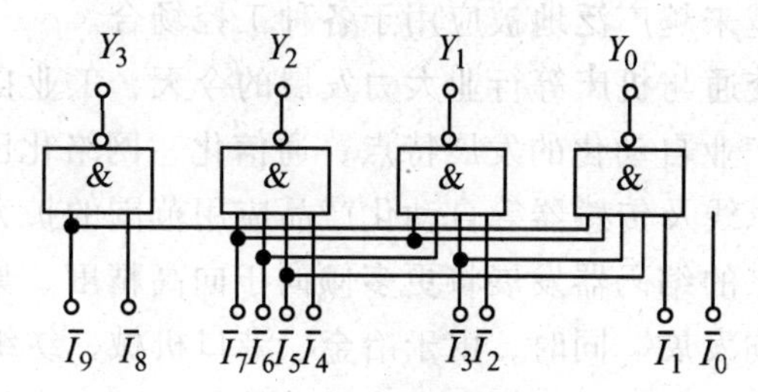

（b）由与非门构成

图 7-15 8421BCD 编码器逻辑电路图

（3）画出 74LS138 译码器的引脚排列图，并简述它的功能特点。

（4）画出二-十进制译码器 74HC42 引脚排列图，并简述它的功能特点。

（5）简述七段数码管的显示原理。

学习评价

编码器、译码器知识掌握情况评价表						
项目学习内容	要　求	评　定				
		自评	组评	师评	总评
二进制编码器、二-十进制编码器和优先编码器的原理（20 分）	A. 很好 B. 一般 C. 不理想				
二进制译码器、二-十进制译码器和显示译码器的原理（20 分）	A. 能 B. 有点模糊 C.不能				
能识记常用的集成译码器、编码器的引脚，并会正确使用（25）	A. 能 B. 基本能 C. 不能				
会读各种常用集成译码器、编码器的真值表，并能利用真值表总结其功能（25）	A. 很好 B. 一般 C. 没有				
上进心、责任心（协作能力、团队精神）的评价（10 分）	个人情感能力在活动中起到的作用：A.很大 B. 不大 C. 没起到				
合　计					

学生在学习过程中遇到的问题	
问题记录	1.
	2.
	3.
	4.

知识拓展

编码器的应用

编码器在我国拥有十分广阔的市场，编码器的应用领域如机床工具、航空航天、铁道交通、新能源及港口机械等，都在使用着大量的编码器产品。我国的编码器市场如其他自动化行业一样，中高端市场主要还是由国外企业垄断着，国内的编码器厂商大多只能集中在中下游市场中，同时，市场秩序也并未形成。作为传感产品的一大重要分支，编码器是将信号或数据编制并转换为可用以通信、传输和存储之形式的设备。编码器最重要的应用就是定位，目前其已经越来越广泛地被应用于各种工控场合。

在风力发电、铁道交通与机床等行业大力发展的今天，工业自动化技术也得到了更为广泛的应用机会。纵观工业自动化的发展特点，通信化、网络化已经是不可逆转的趋势，这为工业以太网、现场总线及传感器等自动化产品应用范围的扩大创造了更多的可能。从技术性能方面来看，未来的编码器发展将更多倾向于向高精度、集成化、小型化、非接触与网络化数据传送的方向发展。同时，由于冶金、港口机械、纺织机械及风力发电等行业的工作环境较为恶劣，编码器还需要提高自身的防护能力，加大耐用性能。从市场角度来看，不同的市场对编码器的要求不尽相同，例如有的要求编码器要精度更高，有的要求编码器具有更强的坚固防护性能，有的则要求编码器要有很好的集成开放性，有的则对编码器的体积要求更小，这就要求编码器产品的种类要更加丰富，以适应各种类型的需求。

任务二　数显抢答器的制作

知识目标

- 理解数显抢答器的工作原理
- 熟悉制作抢答器的流程

技能目标

- 能简单设计数显抢答器
- 能插接、焊接数显抢答器电路
- 会对电路进行简单的调试
- 能按照规范标准进行规范操作

工作任务

某学校要举办一次智力竞赛，决定一年级 8 个班每班出一个代表队，为是竞赛更加公平，决定制作一个八人数显抢答器，要求如下。

（1）抢答器同时供 8 个代表队参加比赛，他们的编号分别是 0、1、2、3、4、5、6、7，各用一个抢答按钮，按钮的编号与选手的编号相对应。

（2）给节目主持人设置一个控制开关，用来控制系统的清零和抢答开始。

（3）抢答器具有数据锁存和译码的功能。抢答开始后，若有选手按动抢答按钮，该选手的编号立即被封锁，并在 LED 数码管上显示选手的编号。此外，要封锁输入电路，禁止其他选手抢答。优先抢答选手的编号一直保存到主持人将系统清零为止。

实施细则

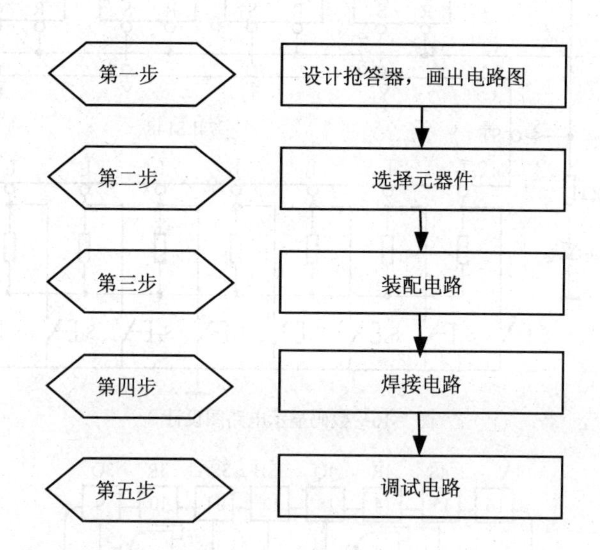

任务实施

一、数码显示电路图的设计

数码显示电路图如图 7-16 所示。

1. 74LS279

74LS279 就是 4 个 R-S 触发器，每片上有 4 路 R-S 触发器，每路 R-S 触发器有 R 和 S 两个输入和一个输出端 Q。其引脚排列如图 7-17 所示。

74LS279 的逻辑关系如表 7-9 所示。

表 7-9　　逻辑关系真值表

输入		输出
$\overline{S}$(Note 1)	$\overline{R}$	Q
L	L	H（Note 2）
L	H	H
H	L	L
H	H	Q_0

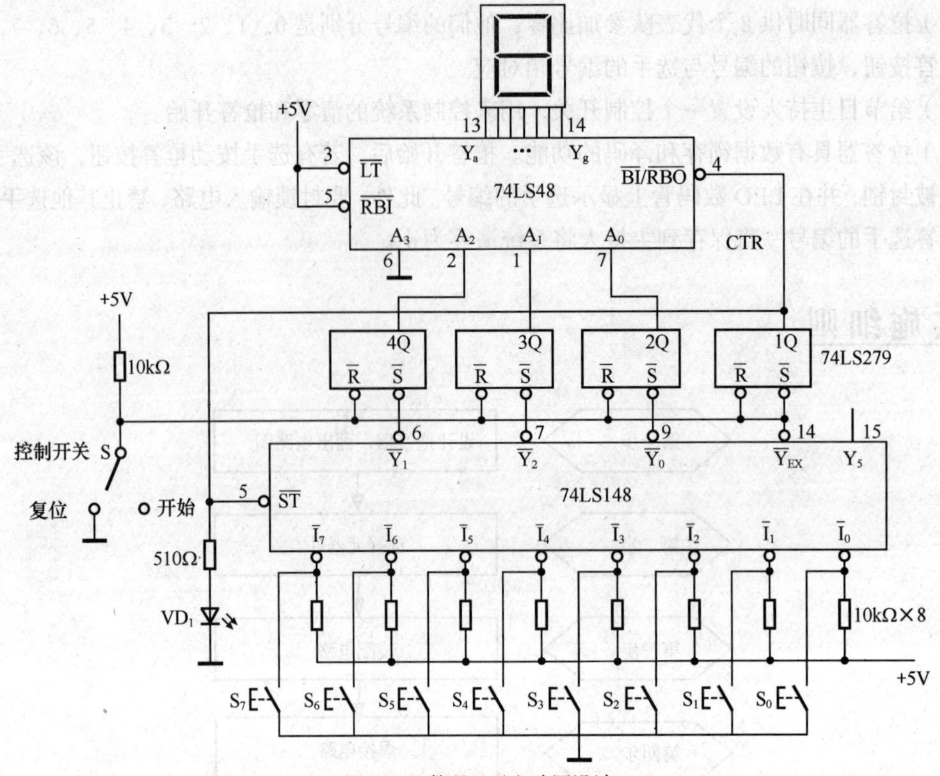

图 7-16　数码显示电路图设计

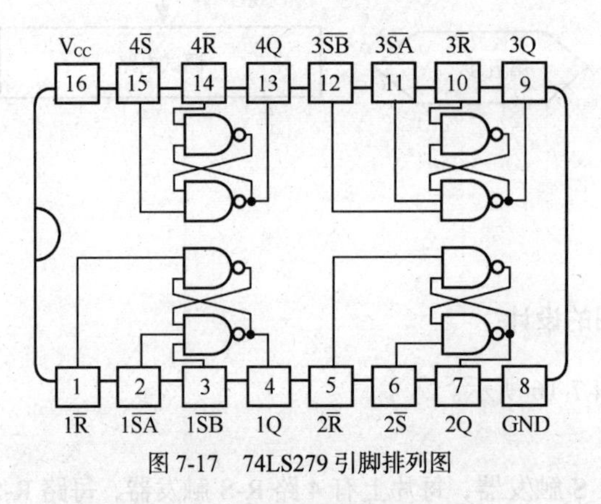

图 7-17　74LS279 引脚排列图

当 R 输入低电平，S 输入高电平时，则 Q 输出低电平。

当 R 输入高电平，S 输入低电平时，则 Q 输出高电平。

当 R 输入高电平，S 输入高电平时，则 Q 保持不变。

2. 八路数显抢答器的制作工作原理

设计的抢答电路如图 7-16 所示。其工作原理是：将控制开关 S 置于“复位”位置时，RS 锁存器 74LS279 清零，使译码驱动电路 74LS48 的灭灯输入 $\overline{BI}$ / $\overline{RBO}$（4 脚）为 0，LED 显示器灭灯。抢答开始后，只要按动任一按钮，优先编码器 74LS148 的输出经 RS 锁存器 74LS279 锁存，显示器显示相应的编号。同时，74LS148 的 $\overline{Y}_{EX}$ 由 1 变为 0，锁存器的 1Q 输出为 1，即 CTR 为 1，使 74LS148 优先编码器的选通端 $\overline{ST}$ 为 1，这样 74LS148 就处于禁止工作状态，停止编码，封锁其他选手按键的输入，实现优先抢答功能。

"8人智力测试抢答器的设计"直流+5 V（其实+5 V左右均可以）当然+5 V的提供也可以由上学期模电知识提供，交流市电经变压器降压得到交流 6V 低压，再经整流管组成的桥式整流，并经电容滤波和三端稳压器输出 5 V直流电压。

二、配备元器件的清单

元器件清单如表 7-10 所示。

表 7-10　　元器件清单

序　号	元　件	参　数	数　量
1	74LS148	—	1
2	74LS48	—	1
3	74LS279	—	1
4	电阻	10 kΩ	9
5	电阻	510Ω	1
6	共阴数码管	—	1
7	控制开关	—	1
8	发光二极管	红色	8
9	PCB 板	单层	1

三、根据原理图和 PCB 板装配焊接电路

对照原理图把元件安装在 PCB 板上，如图 7-18 所示。

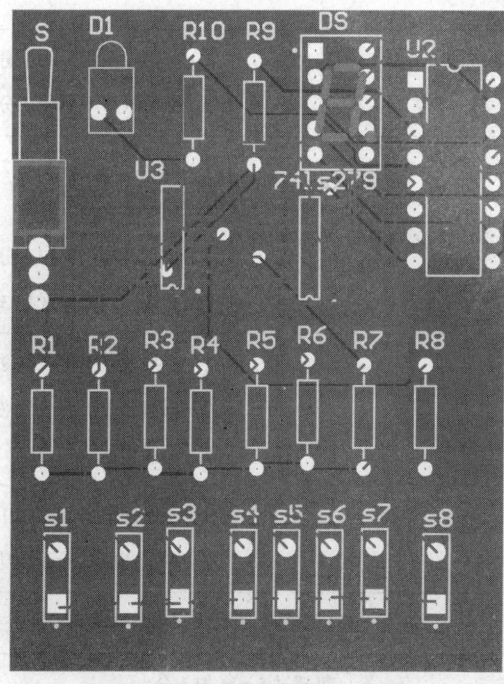

图 7-18　数码显示电路 PCB 板图

在焊接时，要有足够的热量和温度。如温度过低，焊锡流动性差，很容易凝固，形成虚焊；如温度过高，将使焊锡流淌，焊点不易存锡，焊剂分解速度加快，使金属表面加速氧化，并导致印制电路板上的焊盘脱落。尤其在使用天然松香作助焊剂时，锡焊温度过高，很易氧化脱皮而产生炭化，造成虚焊。

四、调试电路

电路板各元器件焊接完成之后，就可对电路进行调试了。在调试之前，一定要先认真地做好目视检查，检查在焊接的过程中是否有可见的短路和管脚搭锡等故障，检查是否有元器件型号放置错误、第一脚放置错误及漏装配等问题。然后用万用表测量各个电源到地的电阻，以检查是否有短路，这个好习惯可以避免贸然上电而损坏 PCB 板及元件。

检查无误后，就可以接通电源，看抢答器是否能正常工作。如果不能正常工作，先检查各个集成块的电源端是否接通，检查接地端是否接地；再检查各个管脚的电位是否在预期范围内。将控制开关 S 拨到“复位”位置，74LS148 的选通端 $\overline{ST}$（5 脚）为 0,锁存器 74LS279 的状态输出 $4Q3Q2Q1Q$=0000，74LS48 的灭灯输入 $\overline{BI}/\overline{RBO}$（4 脚）为 0，故抢答电路的显示器无显示。

技能考核

序号	项目	考核要求	配分	评分标准	得分
1	元器件的选择	正确选择元器件	10	每选错一个元器件扣 1 分	
2	元器件的检测	对选取的元器件质量进行检测	10	没检测扣 5 分	
3	元器件的插装	按照电路图和装配图正确插装各元器件	20	（1）插错一个元件扣 3 分 （2）插装顺序不对扣 3 分	
4	电路的焊接	焊接正确规范美观	20	（1）虚焊、假焊一处扣 2 分 （2）搭焊一处分 3 分 （3）焊盘脱落一处扣 3 分 （4）焊接不规范美观扣 3 分	
5	电路的调试	（1）按电路图正确接线 （2）熟练使用仪表检测	20	（1）不按电路图接线扣 25 分 （2）损坏导线绝缘或线芯，每根扣 5 分 （3）漏接接地线扣 10 分	
6	通电试验		20	（1）一次通电不成功扣 10 分 （2）两次通电试验不成功扣 20 分	
安全文明操作		违反安全文明操作规程（视实际情况进行扣分）			
额定时间		每超过 5 min 扣 5 分		得分	

学习评价

数显抢答器评价表

项目内容	要　求	评　定			
		自评	组评	师评	总评
能正确使用工具完成任务（10分）	A. 很好 B. 一般 C. 不理想				
能看懂技术要领链接中的操作说明（20分）	A. 能 B. 有点模糊 C.不能				
能按正确的操作步骤完成电路的安装（30分）	A. 能 B. 基本能 C. 不能				
能独立完成实训报告的填写（10分）	A. 能 B. 基本能 C. 不能				
能请教别人、参与讨论并解决问题（10分）	A. 很好 B. 一般 C. 没有				
上进心、责任心（协作能力、团队精神）的评价（20分）	个人情感能力在活动中起到的作用：A. 很大 B.不大 C.没起到				
合计					

学生在任务完成过程中遇到的问题	
问题记录	1.
	2.
	3.
	4.

项目八

60s 计数器的制作

知识目标

- 学习集成门电路、显示译码器、数码管和计数器的应用
- 掌握译码器的使用，会检测其质量
- 学会计数器的功能
- 掌握秒计数器电路的基本调试和测量方法

技能目标

- 会根据原理图绘制印制电路板图
- 计数器的级联方法

实施细则

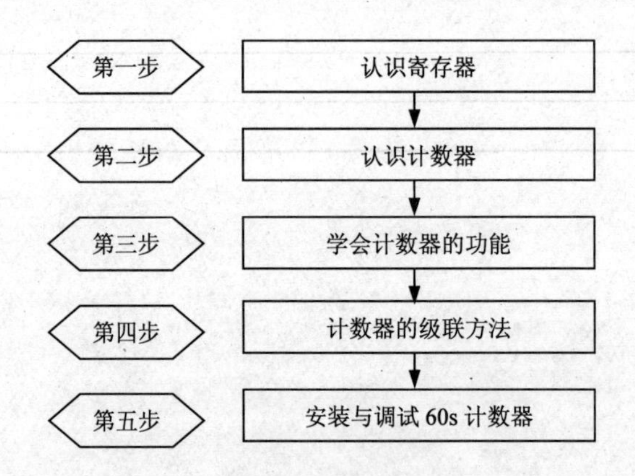

相关知识

计数器器件是应用较广的器件之一，它有很多型号，各自完成不同的功能，可根据不同的需要选用。74LS162 是十进制 BCD 同步计数器。Clock 是时钟输入端，上升沿触发计数触发器翻转。允许端 P 和 T 都为高电平时允许计数，允许端 T 为低电平时禁止 Carry 产生。同步预置端 Load 加低电平时，在下一个时钟的上升沿将计数器置为预置数据端的值。清除端 Clear 为同步清除，低电平有效，在下一个时钟的上升沿将计数器复位为 0。在计数值等于 9 时，74LS162 的进位 Carry

为高，脉宽是 1 个时钟周期，可用于级联。

实践操作

所用器件和仪器如表 8-1 所示。

表 8-1　　所用器件和仪器

同步 4 位 BCD 计数器 74LS162	两片
二输入四与非门 74LS00	一片
示波器	—

一、实验内容

（1）用一片 74LS162 和一片 74LS00 采用复位法构成一个模 7 计数器。用单脉冲作为计数时钟，观测计数状态，并记录。用连续脉冲作为计数时钟，观测并记录 Q_D、Q_C、Q_B、Q_A 的波形。

（2）用一片 74LS162 和一片 74LS00 采用置位法构成一个模 7 计数器。用单脉冲作为计数时钟，观测并记录 Q_D、Q_C、Q_B、Q_A 的波形。

（3）用两片 74LS162 和一片 74LS00 构成一个模 60 计数器。两片 74LS162 的 Q_D、Q_C、Q_B、Q_A 分别接两个译码显示的 D、B、C、A 端。用单脉冲作为计数时钟，观测数码管数字的变化，检验设计和接线是否正确。

二、实验接线及测试结果

1. 复位法构成的模 7 计数器接线图及测试结果

（1）复位法构成的模 7 计数器接线图如图 8-1、图 8-2 所示。

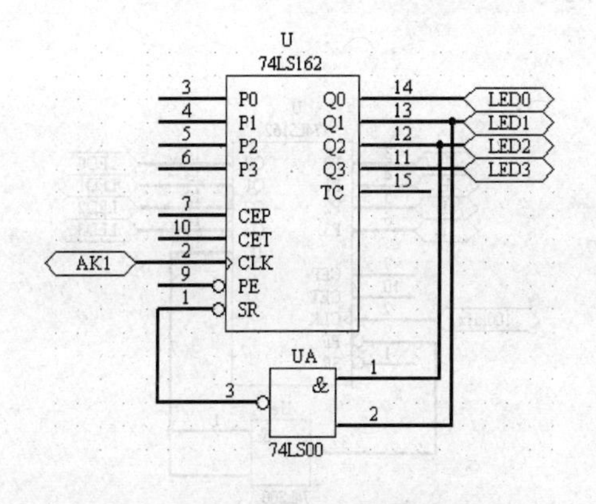

图 8-1　复位法七进制计数器接线图 1

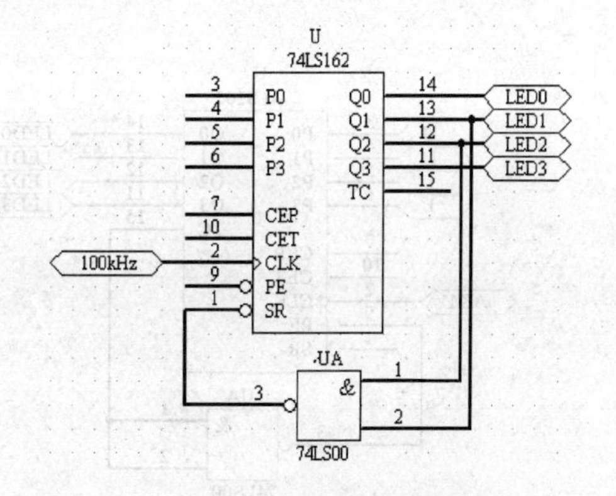

图 8-2　复位法七进制计数器接线图 2

图 8-1 和图 8-2 中，AK1 是按单脉冲按钮，LED0、LED1、LED2 和 LED3 是逻辑状态指示灯，100 kHz 是连续脉冲源。

（2）按单脉按钮 AK1，Q_D、Q_C、Q_B、Q_A 的值变化如表 8-2 所示。

表 8-2　　置位法七进制计数器状态转移表

Q_D	Q_C	Q_B	Q_A
0	0	0	0
0	0	0	1
0	0	1	0
0	0	1	1
0	1	0	0
0	1	0	1
0	1	1	0
0	0	0	0

（3）将时钟端 CK 改接 100 kHz 连续脉冲信号（见图 8-2），用示波器观测 Q_D、Q_C、Q_B、Q_A。在连续计数时钟下，Q_D、Q_C、Q_B 和 Q_A 的波形图如图 8-3 所示。

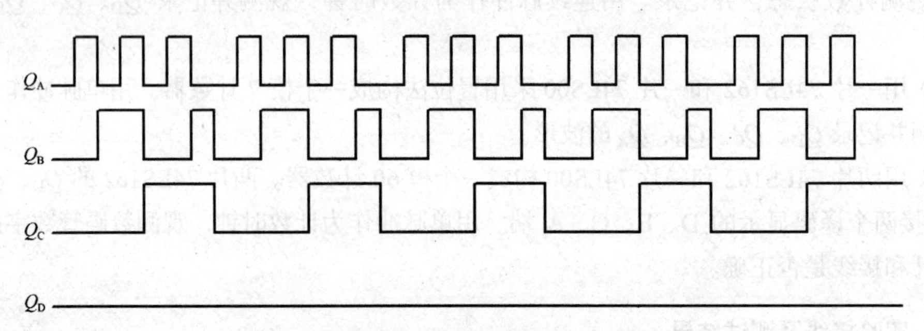

图 8-3　置位法七进制计数器状态波形图

2. 置位法模 7 计数器接线图及测试结果

（1）置位法模 7 计数器接线图如图 8-4 和图 8-5 所示。

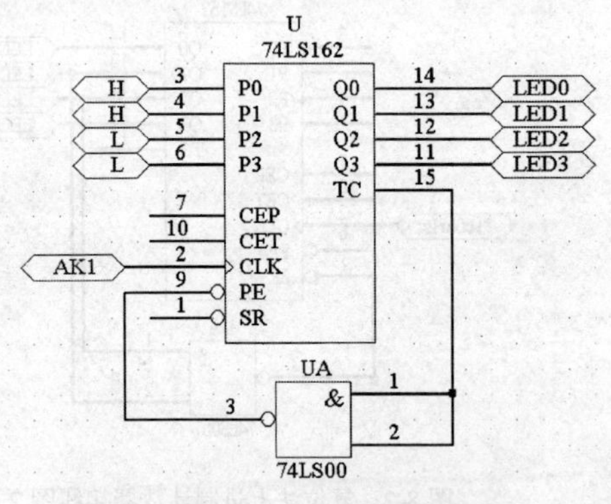

图 8-4　置位法七进制计数器接线图 1

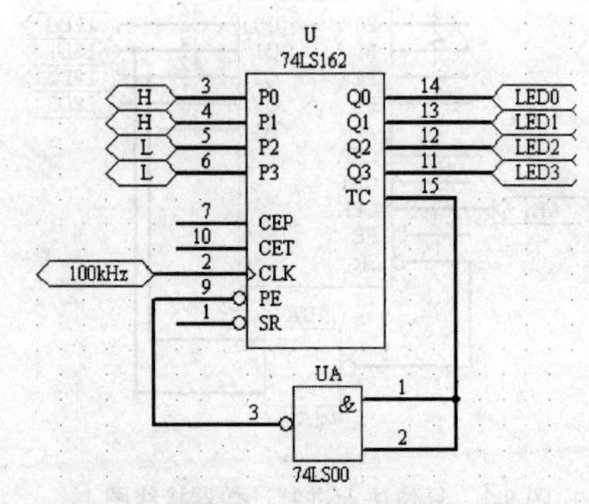

图 8-5　置位法七进制计数器接线图 2

图 8-4 中，AK1 是按单脉冲按钮，LED0、LED1、LED2 和 LED3 是逻辑状态指示灯图中，H、L 分别为高电平、低电平接逻辑开关输出，100 kHz 是连续脉冲源信号。

按单脉冲按钮 AK1，Q_D、Q_C、Q_B、Q_A 的值变化如表 8-3 所示。

表 8-3　　置位法模 7 计数器状态转移表

Q_D	Q_C	Q_B	Q_A
0	0	1	1
0	1	0	0
0	1	0	1
0	1	1	0
0	1	1	1
1	0	0	0
1	0	0	1

（2）将时钟端 CK 改接 100 kHz 连续脉冲信号（见图 8-5），用示波器观测 Q_D、Q_C、Q_B、Q_A。在连续计数时钟下，Q_A、Q_B、Q_C 和 Q_D 的波形图如图 8-6 所示。

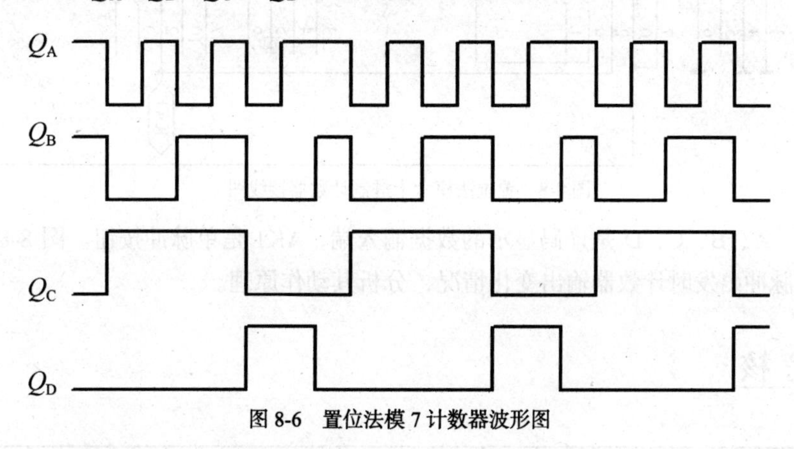

图 8-6　置位法模 7 计数器波形图

3. 模 60 计数器接线图。

（1）复位法模 60 计数器接线图如图 8-7 所示。

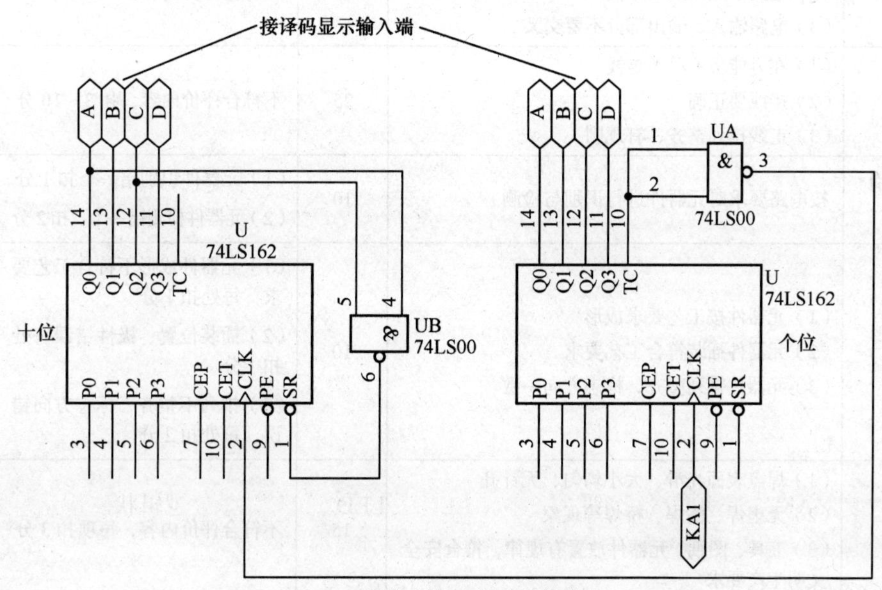

图 8-7　复位法模 60 计数器接线图

图 8-7 中，A、B、C、D 是译码显示的数据输入端，AK1 是单脉冲按钮。

（2）置位法模 60 计数器接线图如图 8-8 所示。

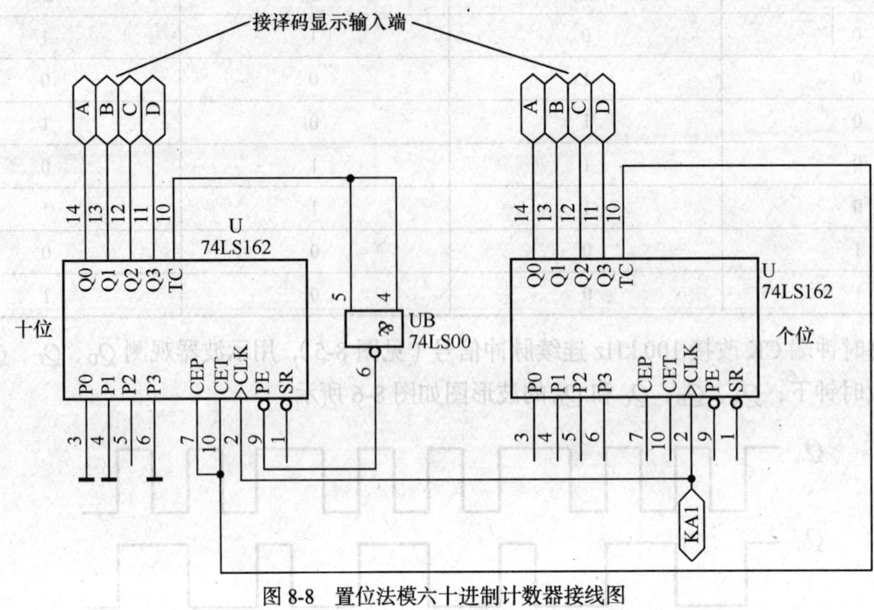

图 8-8　置位法模六十进制计数器接线图

图 8-8 中，A、B、C、D 是译码显示的数据输入端，AK1 是单脉冲按钮。图 8-8 中 3、4、6 接地，观察单脉冲出发时计数器输出变化情况，分析其动作原理。

技能考核

评价项目	评价内容	配分	评分标准	扣分
设计布局	（1）元器件布局合理，排列整齐，疏密恰当 （2）电路不允许交叉穿插 （3）电路输入、输出部分不要交叉	25	不符合评价内容扣 3 ~ 10 分	
布线	（1）在万能板上单面走线 （2）接线要正确 （3）走线排列整齐、有规则	25	不符合评价内容，扣 3 ~ 10 分	
元器件识别与检测	按电路要求对元器件进行识别与检测	10	（1）元器件识别错一个扣 1 分 （2）元器件检测错一个，扣 2 分	
元器件成形及插装	（1）元器件按工艺要求成形 （2）元器件插装符合工艺要求 （3）元器件排列整齐，标志方向一致	10	（1）元器件成形不符合工艺要求，每处扣 1 分 （2）插装位置、极性错误每处扣 1 分 （3）排列不整齐，标志方向错误，每处扣 2 分	
焊接	（1）焊点表面光滑、大小均匀、无针孔 （2）无虚焊、漏焊、桥焊等现象 （3）工具、图纸、元器件放置有规律，符合安全文明生产要求	15	不符合评价内容，每项扣 3 分	

续表

评价项目	评价内容	配分	评分标准	扣分
测量	（1）能正确使用测量仪表 （2）能正确读数 （3）能正确做好记录	15	（1）测量方法不正确，扣 4 分 （2）不能正确读数，扣 3 分 （3）不会正确记录，扣 3 分 （4）损坏测量仪表，扣 10 分	
调试	能正确按操作指导对电路进行调整	10	（1）调试失败，扣 10 分 （2）调试方法不正确，扣 5 分	
合计		100		

学习评价

60s 计数器简单测量活动评价表

项目内容	要求	评定			
		自评	组评	师评	总评
能正确使用工具完成任务（10 分）	A. 很好 B. 一般 C. 不理想				
能看懂技术要领链接中的操作说明（20 分）	A. 能 B. 有点模糊 C.不能				
能按正确的操作步骤完成电能表的安装（30 分）	A. 能 B. 基本能 C. 不能				
能独立完成实训报告的填写（10 分）	A. 能 B. 基本能 C. 不能				
能请教别人、参与讨论并解决问题（10 分）	A. 很好 B. 一般 C. 没有				
上进心、责任心（协作能力、团队精神）的评价（20 分）	A. 很大 B. 不大 C. 没起到				
合计					

学生在任务完成过程中遇到的问题

问题记录	
	1.
	2.
	3.
	4.

项目九

555时基电路和双音报警器的制作

项目描述：在实际生产生活中，经常用到报警器，现在要求为救护车设计一款报警器，要求能发出两种不同频率的“滴，嘟，滴，嘟……”的声响。想知道是怎么完成的吗？利用所学的电路知识，一起来学一学，做一做吧。

知识目标

- 掌握555构成电路的实际应用
- 通过双音报警器熟悉用555构成的多谐振荡电路
- 熟悉555时基电路控制端的功能和作用
- 了解用电压调制频率的方法

技能目标

- 学会分析变化的信号波形
- 熟悉555时基电路双音报警器所需电子元件的功能
- 掌握仿真设计与验证的方法
- 能识读555时基电路双音报警器电路图，识别电子元器件
- 能正确安装检测电路，排除故障
- 能正确调试电路，实现逻辑功能

实施细则

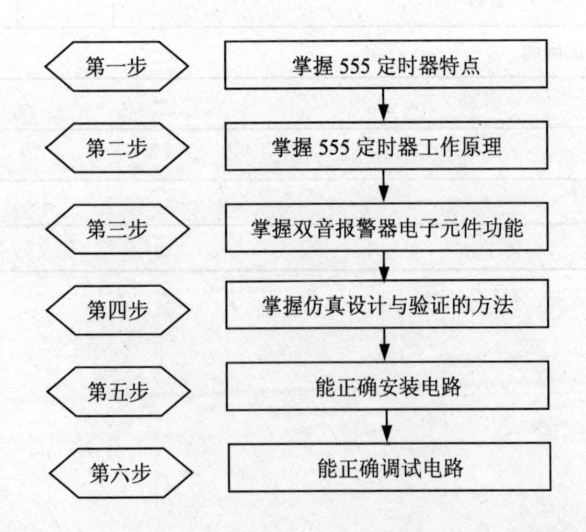

相关知识

一、计时器的特点

555 定时器是一种将模拟电路和数字电路集成与一体的电子器件，用它可以构成单稳态触发器、多谐振荡器和施密特触发器等多种电路，其在工业控制、定时、检测和报警等方面有广泛应用。555 时基集成电路具有成本低、易使用、适应面广、驱动电流大和一定的负载能力。在电子制作中只需经过简单调试，就可以做成多种实用的小电路，远远优于三极管电路。

555 时基集成电路的主要参数为（以 NE555 为例）：电源电压为 4.5 ~ 16 V；输出功率大，驱动电流达 200 mA；作定时器使用时，定时精度为 1%；定时时间从微秒级到小时级；作振荡使用时，输出的脉冲的最高频率可达 500kHz；可工作于无稳态和单稳态两种方式；可调整占空比；温度稳定性好于 0.005%/℃。

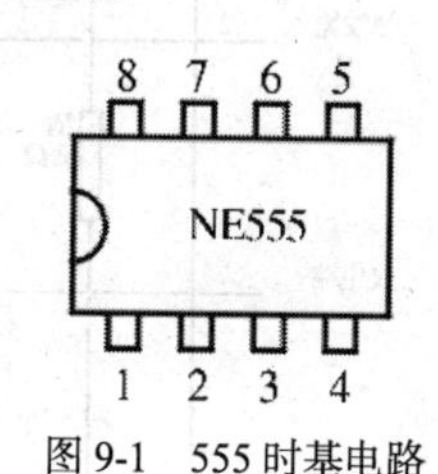

图 9-1　555 时基电路

常见的 555 时基电路为塑料双列直插式封装（见图 9-1），正面印有 555 字样，左下角为脚 1，管脚号按逆时针方向排列。

二、计时器的原理

它含有两个电压比较器，一个基本 RS 触发器，一个放电开关 VT，比较器的参考电压由 3 只 5kΩ 的电阻器构成分压，它们使高电平比较器 A1 的同相比较端和低电平比较器 A2 的反相输入端的参考电平分别为 $\frac{2}{3}V_{CC}$ 和 $\frac{1}{3}V_{CC}$ 。A1 和 A2 的输出端控制 RS 触发器状态和放电管开关状态。当输入信号输入并超过 $\frac{2}{3}V_{CC}$ 时，触发器复位，555 的输出端 3 脚输出低电平，同时放电，开关管导通；当输入信号自 2 脚输入并低于 $\frac{1}{3}V_{CC}$ 时，触发器置位，555 的 3 脚输出高电平，同时放电，开关管截止。$\overline{R_D}$ 是复位端，当其为 0 时，555 输出低电平。平时该端开路或接 V_{CC}。V_c 是控制电压端（5 脚），平时输出 $\frac{2}{3}V_{CC}$ 作为比较器 A1 的参考电平。当 5 脚外接一个输入电压，即改变了比较器的参考电平，从而实现对输出的另一种控制；在不接外加电压时，通常接一个 0.01μF 的电容器到地，起滤波作用，以消除外来的干扰，以确保参考电平的稳定。VT 为放电管，当 VT 导通时，将给接于脚 7 的电容器提供低阻放电电路。在使用时，该三极管的集电极（7 脚）一般都要外接上拉电阻。555 内部结构如图 9-2 所示，555 功能表如表 9-1 所示。

表 9-1　555 功能表

阈值输入	触发输入	复位 R_D	R	S	输出 V_o	放电管 VT
×	×	0	×	×	0	导通
$<\frac{2}{3}V_{CC}$	$<\frac{1}{3}V_{CC}$	1	1	0	1	截止
$>\frac{2}{3}V_{CC}$	$>\frac{1}{3}V_{CC}$	1	0	1	0	导通
$<\frac{2}{3}V_{CC}$	$>\frac{1}{3}V_{CC}$	1	1	1	不变	不变

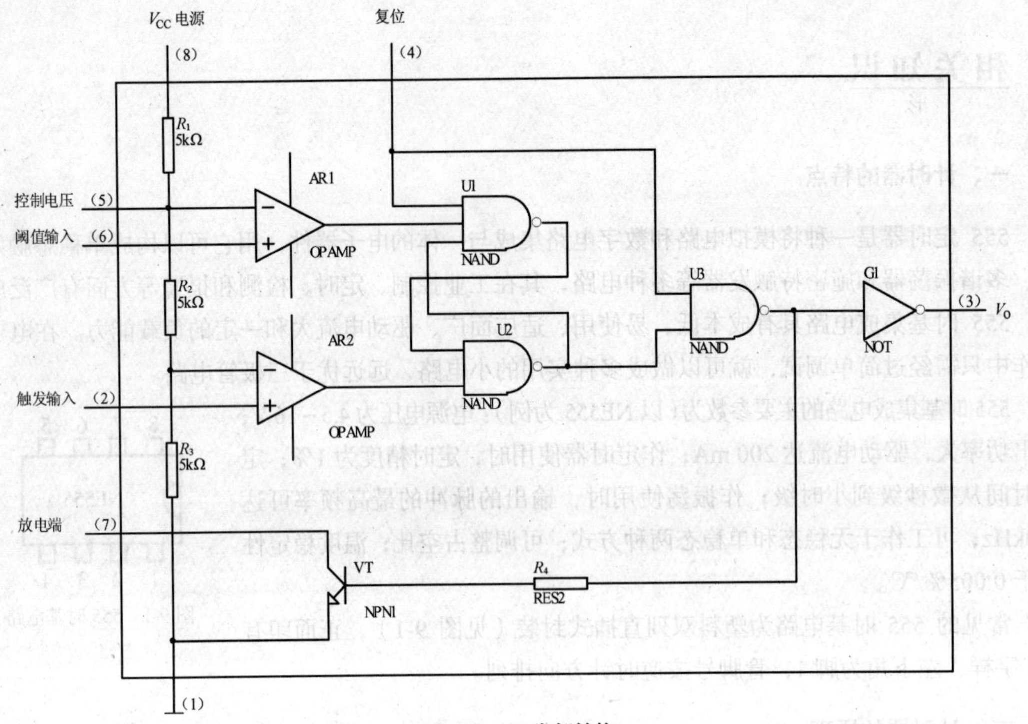

图 9-2　555 内部结构

由 555 定时器和外接组件 R_1、R_2、C_2 构成多谐振荡器，脚 2 与脚 6 直接相连，如图 9-3 所示。电路没有稳态，仅存在两个暂稳态，电路也不需要外接触发信号，利用电源通过 R_1、R_2 向 C_2 充电，以及 C_2 通过 R_2 向放电端放电，使电路产生振荡。电容 C_2 在 $\frac{2}{3}V_{CC}$ 和 $\frac{1}{3}V_{CC}$ 之间充电和放电，从而在输出端得到一系列的矩形波形，对应的波形如图 9-4 所示。

输出信号的参数如下。

电路振荡周期：$T = t_{w2} + t_{w1}$

电容充电时间：$t_{w1} = 0.7(R_1 + R_2)C$

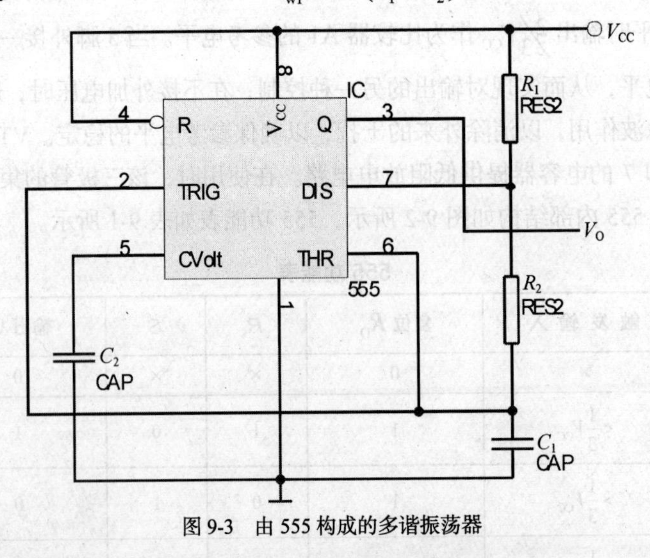

图 9-3　由 555 构成的多谐振荡器

电容放电时间：$t_{w2} = 0.7R_2C$

电路振荡频率： $f=\frac{1}{T}\approx\frac{1.43}{(R_1+2R_2)C}$

输出波形占空比： $q(\%)=\frac{t_{w1}}{T}=\frac{R_1+R_2}{R_1+2R_2}\times100\%$

其中，t_{w1} 为 V_C 由 $\frac{2}{3}V_{CC}$ 上升到 $\frac{1}{3}V_{CC}$ 所需时间，t_{w2} 为电容 C 放电所需时间。555 电路要求 R_1 与 R_2 均应不小于 1 kΩ，但两者之和应不大于 3.3 MΩ。

由于 555 定时电路内部的比较器灵敏度较高，而且采用差分电路形式，用 555 定时器组成的多谐振荡器的振荡频率受电源电压和温度变化的影响很小。

外部组件的稳定性决定了多谐振荡器的稳定性，555 定时器配以少量的组件即可获得较高精度的振荡频率和具有较强的功率输出能力。因此，这种形式的多谐振荡器应用很广。

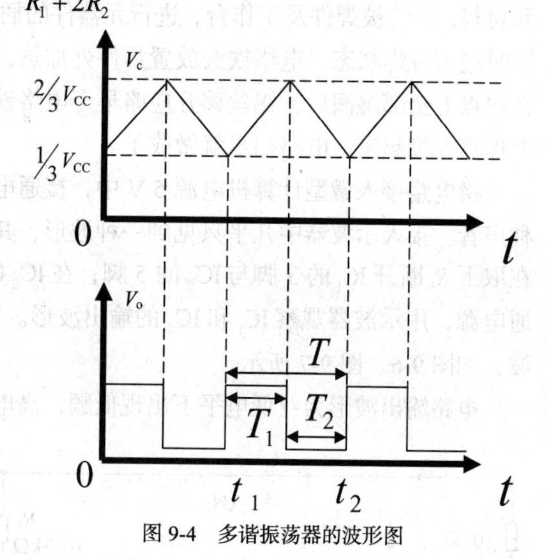

图 9-4　多谐振荡器的波形图

三、电路设计

选用 555 定时器组成多谐振荡器。而整个电路由两个 555 定时器 IC_1、IC_2 组成。中间加 R_5 以连接 IC_1 的 3 脚与 IC_2 的 5 脚。通过 R_5 的方波的低频加至 IC_2 的控制电压端 5 脚，对第二级 IC_2 进行调制。当方波为高电平时，IC_2 的频率较低；而当方波为低电平时，IC_2 的振荡频率高，则扬声器会发出高低连续变化的双音。IC_2 的 5 脚为控制电压端，当方波加至此，改变了 IC_2 集成块的内部基准电压值，从而实现了对 555 振荡频率的控制，经 C_4 的滤波作用后，小型扬声器发出两种不同频率的“滴，嘟，滴，嘟……”的声响。

要求输出功率为 120 mW，输出阻抗为 8 Ω。为了与输出阻抗 8 Ω 匹配，则应选用 8 Ω 的扬声器。

（1）IC_1 的振荡频率

$$f_1=\frac{1.43}{(R_1+R_2)C_1}\approx0.7\ \text{Hz}$$

（2）IC_2 的振荡频率

$$f_2=\frac{1.43}{(R_3+2R_4)C_3}\approx500\ \text{Hz}$$

（3）IC_2 电压和电流值。

$$U_c=\sqrt{PR}=693\text{mV}$$

$$I_c=\sqrt{\frac{P}{C}}=86.625\ \text{mA}$$

（4）IC_1 相关参数。

$$t_{pL}=0.7R_2C_1$$

$$t_{pH}=0.7(R_1+R_2)C_1$$

$$T_1=t_{pL}+t_{pH}，\ f=\frac{1}{T_1}$$

频率范围为高频 1500Hz，低频 500 Hz。由 $f=\dfrac{1}{T_1}$ 得高频下周期为 0.67 ms，低频下周期为 2 ms。

该电路的设计使用多孔板制作。而制作电路产品要使用焊接技术。焊接前应准备好焊接工具和材料，清洁被焊件及工作台，进行元器件的插装及导线端的处理，左手拿焊丝，右手握电烙铁，同时进入备焊状态。电烙铁头放置焊件处加热，焊锡丝在电烙铁对侧，立即送入焊锡丝。待焊锡在焊点上全部湿润后，锡丝移开应略早于电烙铁。待焊点全部焊接完后，按照电路图用导线将各个焊点连接起来，电路初步就做成了。

将电路接入微型计算机电源 5 V 中，接通电源，试听扬声器声音。只能听见“滴……”的一种声音。接入示波器中几乎只见到一种波形，其间偶尔出现一点高频，电路设计的效果不好。现在取下 R_5 断开 IC_1 的 3 脚与 IC_2 的 5 脚，在 IC_2 的 5 脚接一个 0.01 μF 的电容，如图 9-5 所示，接通电源，用示波器观察 IC_1 和 IC_2 的输出波形。观察到的 IC_1 和 IC_2 的输出波形均为正常的矩形方波，如图 9-6、图 9-7 所示。

电路输出波形为：低电平下出现低频，高电平下出现高频。

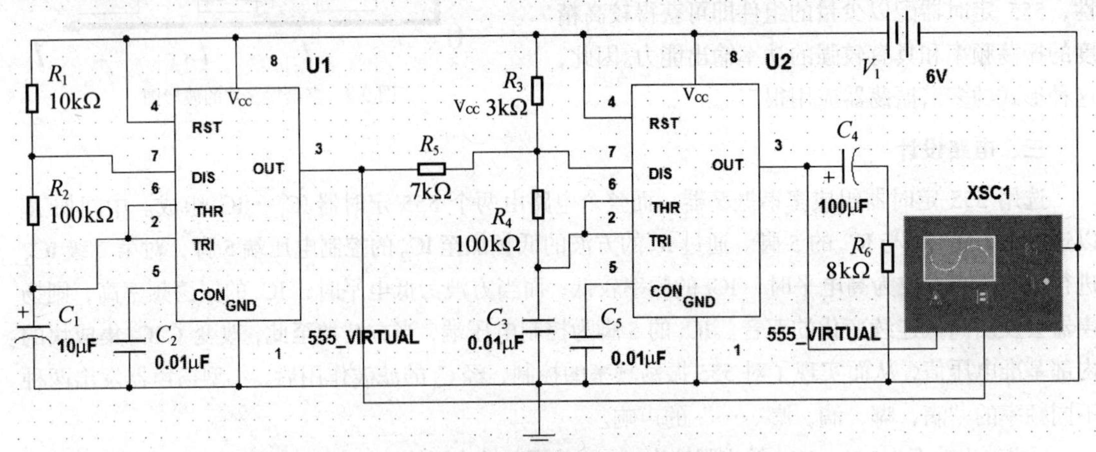

图 9-5 双音报警器 Multisim 设计图

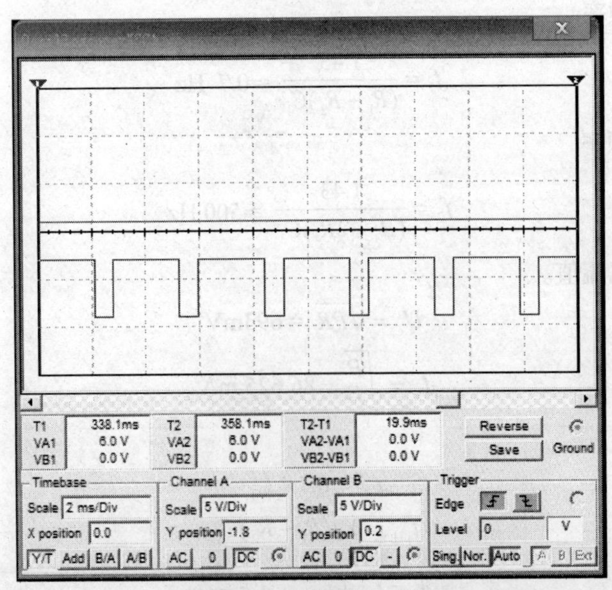

图 9-6 波形仿真图（1）

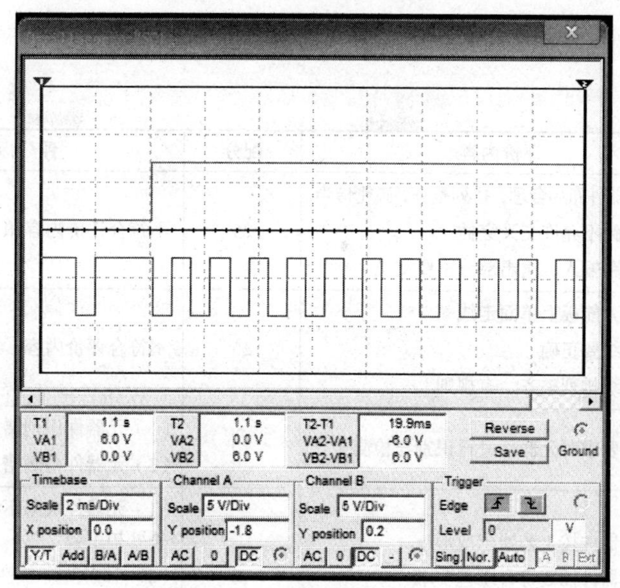

图 9-7 波形仿真图（2）

实践操作

绘制布线图→清点元器件→元器件检测→插装和焊接→通电前检查→通电调试和测量→数据记录。

一、调试电路与数据记录

对照布线图检查元器件安装准确无误后，方可接通电源。调试时，先连线后接通电源，拆线或改线时一定要先断开电源。电源线不能接错，否则将可能损坏元器件。若电路工作正常，扬声器就会产生双音交替的报警声。将实训过程和测量数据记录在表 9-2 中。

表 9-2 实训记录

<table>
<tr><td>实训名称</td><td colspan="5">姓名</td><td colspan="3">班级</td></tr>
<tr><td rowspan="6">用指针式万用表测量 555 时基电路各引脚的电位，并观察万用表指针的变化情况</td><td colspan="8">U1</td></tr>
<tr><td>第 1 脚/V</td><td>第 2 脚/V</td><td>第 3 脚/V</td><td>第 4 脚/V</td><td>第 5 脚/V</td><td>第 6 脚/V</td><td>第 7 脚/V</td><td>第 8 脚/V</td></tr>
<tr><td></td><td></td><td></td><td></td><td></td><td></td><td></td><td></td></tr>
<tr><td colspan="8">U2</td></tr>
<tr><td>第 1 脚/V</td><td>第 2 脚/V</td><td>第 3 脚/V</td><td>第 4 脚/V</td><td>第 5 脚/V</td><td>第 6 脚/V</td><td>第 7 脚/V</td><td>第 8 脚/V</td></tr>
<tr><td></td><td></td><td></td><td></td><td></td><td></td><td></td><td></td></tr>
<tr><td rowspan="3">用示波器观察 555 时基电路第 2 脚、第 3 脚的波形</td><td colspan="8">U2</td></tr>
<tr><td colspan="4">第 2 脚</td><td colspan="4">第 3 脚</td></tr>
<tr><td colspan="4"></td><td colspan="4"></td></tr>
<tr><td>制作过程</td><td colspan="8"></td></tr>
<tr><td>故障描述</td><td colspan="8"></td></tr>
<tr><td>排除方法</td><td colspan="8"></td></tr>
</table>

技能考核

评价项目	评价内容	配分	评分标准	扣分
设计布局	(1) 元器件布局合理，排列整齐，疏密恰当 (2) 电路不允许交叉穿插 (3) 电路输入、输出部分不要交叉	25	不符合评价内容扣 3 ~ 10 分	
布线	(1) 在万能板上单面走线 (2) 接线要正确 (3) 走线排列整齐、有规则	25	不符合评价内容，扣 3 ~ 10 分	
元器件识别与检测	按电路要求对元器件进行识别与检测	10	(1) 元器件识别错一个扣 1 分 (2) 元器件检测错一个扣 2 分	
元器件成形及插装	(1) 元器件按工艺要求成形 (2) 元器件插装符合工艺要求 (3) 元器件排列整齐，标志方向一致	10	(1) 元器件成形不符合工艺要求，每处扣 1 分 (2) 插装位置、极性错误每处扣 1 分 (3) 排列不整齐，标志方向错误，每处扣 2 分	
焊接	(1) 焊点表面光滑、大小均匀、无针孔 (2) 无虚焊、漏焊、桥焊等现象 (3) 工具、图纸、元器件放置有规律，符合安全文明生产要求	15	不符合评价内容，每项 3 分	
测量	(1) 能正确使用测量仪表 (2) 能正确读数 (3) 能正确做好记录	15	(1) 测量方法不正确，扣 4 分 (2) 不能正确读数，扣 3 分 (3) 不会正确记录，扣 3 分 (4) 损坏测量仪表，扣 10 分	
调试	能正确按操作指导对电路进行调整	10	(1) 调试失败，扣 10 (2) 调试方法不正确，扣 5 分	
合计		100		

学习评价

555 时基电路和双音报警器的制作活动评价表

项目内容	要　求	评定			
		自评	组评	师评	总评
能正确使用工具完成任务（10 分）	A. 很好 B. 一般 C. 不理想				
能看懂技术要领链接中的操作说明(20 分)	A. 能 B. 有点模糊 C.不能				
能按正确的操作步骤完成电能表的安装（30 分）	A. 能 B. 基本能 C. 不能				
能独立完成实训报告的填写（10 分）	A. 能 B. 基本能 C. 不能				

续表

555时基电路和双音报警器的制作活动评价表					
项目内容	要 求	评 定			
		自评	组评	师评	总评
能请教别人、参与讨论并解决问题（10分）	A. 很好 B. 一般 C. 没有				
上进心、责任心（协作能力、团队精神）的评价（20分）	A. 很大 B.不大 C.没起到				
合 计					

学生在任务完成过程中遇到的问题	
问题记录	1.
	2.
	3.
	4.

参考文献

[1] 张金华. 电子技术基础与技能（第一版）[M]. 北京:高等教育出版社，2010.

[2] 孔凡才，周良材. 电子技术综合应用创新实训教程[M]. 北京:高等教育出版社，2008.

[3] 陈其纯. 电子线路（第二版）[M]. 北京:高等教育出版社，2006.

[4] 赵景波，周祥龙，于亦凡. 电子技术基础与技能[M]. 北京:人民邮电出版社，2008.